刘孝富 / 著

ECOLOGICAL RESILIENCE

THEORY
METHOD
AND
APPLICATION

生态恢复力

理论、方法与应用

中国环境出版集团·北京

图书在版编目（CIP）数据

生态恢复力理论、方法与应用 / 刘孝富著 . —北京：
中国环境出版集团，2022.8
　ISBN 978-7-5111-5261-9

　Ⅰ.①生… 　Ⅱ.①刘… 　Ⅲ.①生态恢复—研究
Ⅳ.① X171.4

中国版本图书馆 CIP 数据核字（2022）第 148964 号

出 版 人　武德凯
责任编辑　李恩军
责任校对　任　丽
封面设计　彭　杉

出版发行　中国环境出版集团
　　　　　（100062　北京市东城区广渠门内大街 16 号）
　　　　　网　　　址：http://www.cesp.com.cn
　　　　　电子邮箱：bjg1@cesp.com.cn
　　　　　联系电话：010-67112765（编辑管理部）
　　　　　发行热线：010-67125803，010-67113405（传真）
印　　刷　北京中献拓方科技发展有限公司
经　　销　各地新华书店
版　　次　2022 年 8 月第 1 版
印　　次　2022 年 8 月第 1 次印刷
开　　本　710×1000　1/16
印　　张　11
字　　数　180 千字
定　　价　60.00 元

中国环境出版集团郑重承诺：
中国环境出版集团合作的印刷单位、材料单位均具有中国环境标志产品认证。

前 言
PREFACE

"恢复力"一词源于英文 resilience，在国内也将其翻译成"弹性力""韧性"等，最初是一个物理学概念，表示物体在压力释放后的回弹性。国内大多数学者将其翻译为"恢复力"，因为这一翻译可以在跨学科间通用。自 20 世纪 70 年代，从物理学引进到系统科学以来，"恢复力"一词已逐渐从单纯的术语转变为一种思维范式和世界观。在应对气候变化、防灾减灾，推动世界可持续发展等方面发挥着越来越重要的作用。国际及世界各国越来越重视恢复力理论、方法和实践应用的发展。例如，2010 年国际减灾日将"建设具有恢复力的城市：让我们做好准备"（Making Cities Resilient：My city is getting ready！）作为主题。2014 年又提出了"恢复力就是拯救生命"（Resilience is for life）的主题。尽管恢复力的定义尚未统一，定量评价方法和实践应用也有待完善，但多数学者认为恢复力是系统的固有属性，恢复力不仅可以表示系统受干扰后恢复的现状，也可以预测恢复趋势。恢复力的概念为研究生态恢复、预测演替趋势打开了另一个思路。

本书以"生态恢复力"为主题，全面阐述了恢复力发展历程及其基本理论，总结了生态恢复力评价的常用方法，提出了突发性干扰下和持续性干扰下生态恢复力评价方法和技术思路，并以汶川地震灾区、长江流域为对象开展生态恢复力实证研究。本书通过总结生态恢复力的相关学说，提升恢复力的理论水平和可操作性，同时为可持续发展和防灾减灾提供参考。

本书共分为 6 章。第 1 章阐述恢复力理论的发生发展，总结了恢复力自 20 世纪 70 年代从物理学引进到系统科学以来的发展历程。第 2 章阐述生态恢复力的评价方法，从评价的困难性到可替代性，从定性评价到定量评价进行了多方位的解释和说明。第 3 章介绍了灾害生态恢复评价进展，阐述了灾后生态恢复力评价的指标体系和技术方法。第 4 章运用拟合修正法针对汶川地震灾后生态恢复情况进行了预测，并提出了防灾减灾的对策建议。第 5 章介绍了概率衰减法的理论基础和技术流程，评估了持续性干扰下长江流域生态恢复力情况。第 6 章介绍了概率衰减法在突发性干扰下的改进方法，评估了汶川地震灾后生态恢复力情况，并对灾后小流域灾害风险防治提出了对策建议。

本书由刘孝富独立完成，在成书过程中得到北京师范大学李京、蒋卫国、陈云浩、宫阿都等老师的指导，同时也得到了中国环境科学研究院张志苗、王莹、刘柏音、邱文婷、罗镭等同事的支持，在此一并表示感谢。

目 录
CONTENTS

第 1 章

恢复力理论的发生发展

1.1 发展阶段划分

恢复力（resilience）最初是一个物理学概念，表示物体在压力释放后的回弹，也被称为"弹性力"。从 20 世纪 70 年代开始，被应用于自然[1-3]、社会[4-6]、经济系统[7-9] 以及复合生态系统[10-12]，系统的尺度可以小到个体[13]、种群[14]，大到群落[15]、社区[16]，再大到区域[9,17]、国家[18] 甚至全球[19]，在应对自然灾害[20-22]、气候变化[23,24] 等方面发挥着越来越重要的作用。

纵观恢复力的发展历程，可以将其划分为理论探索、深化研究和实践应用三个阶段（图 1-1）。20 世纪 70 年代至 90 年代中期，是恢复力的理论探索阶段，这一阶段重点探讨了恢复力的概念、内涵和理论模型。20 世纪 90 年代中期至 2005 年前后为恢复力的深化研究阶段，这一阶段恢复力的概念从生态学拓展到经济学、社会学、医学等多个领域，研究者们探讨了恢复力的影响因素，并开始尝试恢复力的定量评估。2005 年至今为恢复力研究的实践应用阶段，这一阶段全球的政治活动（如千年生态系统评估报告、斯特恩报告、IPCC 评估报告、国际气候变化会议和谈判等）促使恢复力研究出现了井喷式的增长[25]，恢复力开始用于解决实际问题，如应对气候变化、防灾减灾、城市规划、经济复苏、减少贫困和降低脆弱性等[26]。

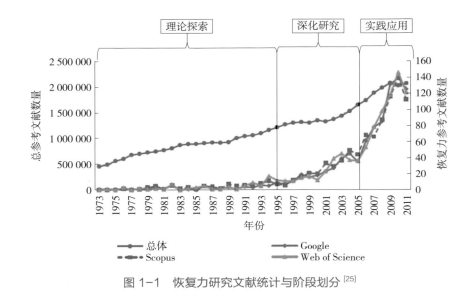

图 1-1　恢复力研究文献统计与阶段划分 [25]

1.2　理论探索阶段

1.2.1　Holling 恢复力与 Pimm 恢复力

20 世纪 70 年代至 90 年代中期，是恢复力研究的理论探索阶段。这一阶段的主要特点是重点探讨恢复力的概念内涵和理论模型，并简要讨论了生态恢复力的影响因素。随着对系统复杂性认识的不断深入，恢复力理解也逐渐从简单走向复杂。

加拿大温哥华英属哥伦比亚大学的 Holling 是系统恢复力的开创者和领导者。1973 年，Holling 在其经典著作 *Resilience and stability of ecological systems* 中首次将恢复力的概念从物理学领域引进到生态学领域，他给出了生态恢复力（ecological resilience）的定义，指出生态恢复力是系统吸收状态变量、驱动变量和参数变化并持续存在的能力，这种"持续存在"表现为不发生状态转移和质的变化 [1]。虽然 Holling 给出了生态恢复力的定义，但相关概念仍然比较模糊，例如，什么是状态变量，什么是驱动变量，哪些参数决定着生态恢复力，如何评估其大小……这些都使得生态恢复力衡量的可操作性降低，因此从概念产生到 20 世纪 80 年代初，生态恢复力概念并没有引起广泛的重视，但这并不能抹灭 Holling 在系统恢复力研究方面的开创性贡献。

1984 年，美国田纳西州立大学的 Pimm 提出了工程恢复力（engineering resilience）的概念。他引入了干扰的概念，并假定生态系统处于单一的稳定状态内，而工程恢复力就是系统抵御扰动的特性。工程恢复力用系统在遭受扰动后恢复到原有稳定状态的速率或时间来衡量[27]，速度越快，恢复力越高。

1.2.2　恢复力的三个经典模型

Holling 最初对生态恢复力的定义和 Pimm 对工程恢复力的定义可以用弹簧模型来解释（图 1-2）。弹簧模型是恢复力的一维概念模型，它将系统比喻为具有伸缩功能的弹簧，当有外力作用或受到干扰时系统会产生变化。当干扰或外力作用消失时，系统依靠弹性力回到原来的状态。当外力作用超过了系统的承受限度时，系统发生质的改变，如发生大规模火灾后，森林变成荒草地。按照 Holling 最初的生态恢复力定义，弹簧发生永久质变前的拉伸阈值，被称为"生态恢复力"，而弹簧产生形变后恢复到原有状态的时间或者速度，被称为"工程恢复力"。

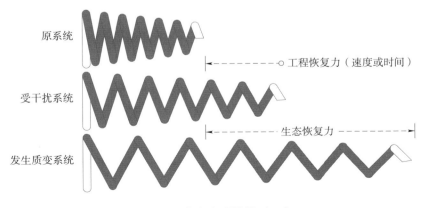

图 1-2　恢复力弹簧模型示意

系统是复杂的，不可能只维持在一个稳定状态，随着环境的改变，会展现不同的状态特征，并在不同的稳定状态之间转换，因此科学家尝试用杯球模型（图 1-3）或者引力域模型来解释恢复力。杯球模型和引力域模型，为恢复力的二维模型，它将系统比喻为一个处在杯子里的圆球或者处在某一引力域的太空球体，球体可以在多个杯子或引力域之间相互转换，每个杯子或引力域代表系统所处的稳定状态。球体在不同状态转变的引力阈值称为生态恢复力 [28,29]；而在外力消失后，球体回到原有位置的速度与时间称为工程恢复力。例如，在地球引力域内，重力加速度（g）可以解释为工程恢复力，而第一宇宙速度可以解释为生态恢复力，它是物体由地球引力域转变成太阳引力域的速度阈值。

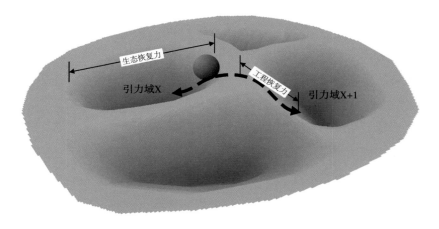

图 1-3　恢复力杯球模型示意

到了 20 世纪 90 年代，以 Holling 和 Gunderson 为首的研究团队，基于种群增长模型，主张用适应性模型来描述生态恢复力（图 1-4）。适应性模型可以看作恢复力的三维模型，它认为系统的发展和演替包括四个阶段，分别是增长（Growth，这一过程用 r 策略表示）、保护（Coservation，这一过程用 K 策略表示）、释放（Release，这一过程用 Ω 策略表示）、重组（Reorganization，这一过程用 α 策略表示）[27,30]。生态恢复力在系统循环过程中不是恒定不变的，它被表示为系统应对环境变化而适应的能力。

以种群发展为例，在增长阶段，主要依靠快速增加种群数量来提高竞争力；在保护阶段，数量已经达到一定的高度，则通过维持生存率和死亡率的平衡来维护竞争力；在释放阶段，面对干扰，系统的结构、功能开始发生变化；到重组阶段，系统开始发生质的变化，从原有的状态退出，进入新一轮的适应循环过程。恢复力贯穿于系统演替的每个阶段，随着环境的变化而变化，因此不是静态的，而是动态的、随机的。从一个适应性循环转换到另一个适应性循环代表了生态系统恢复力的消失与重生。然而，所有生态系统的演替并非都要经过这四个阶段，当外在干扰超过了所处阶段的生态恢复力时，可以直接从该阶段跳跃到另一个阶段，如从增长阶段直接跨越到重组阶段 [31]。适应性模型在一定程度上说明了生态恢复力的行程机制，但也表现出了在定量评估生态恢复力方面的局限性 [32]。

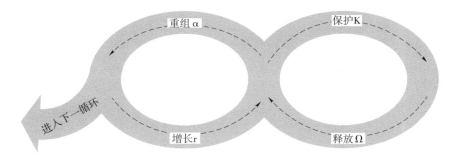

图 1-4　生态恢复力适应性模型

这一时期，个别研究者试图尝试用一些特征参数来表示恢复力，如 Leps 等（1982）认为群落生活史策略可以代替生态恢复力 [33]。一些研究者就如何增强恢复力进行了探讨。Walker（1992）和 Holling（1996）认为生态恢复力可以被增强，通过拥有或维持较高的生物多样性，包括充足的功能群、自然水平的异质性；通过维持大尺度的响应能力以及系统输出和输入，包括迁移、被占据和空间递补；通过维持自然干扰体制，特别是火和洪水动态 [34,35]。Baskin（1994）和 Stone 等（1996）的研究表明物种多样性与生态系统恢复力呈现正相关，而且随着物种多样性的增加，恢复力

增加到一个渐进线 [36,37]。

在概念诞生后的 20 多年时间里，生态恢复力研究较多地停留在理论层面和概念层面，如通过经典的物理学或生态学模型来更好地阐述恢复力的客观存在以及如何表征，较少开展恢复力的定量评估。尽管部分研究者提出了增强恢复力的因素，但也只是在概念层面，离实践应用还有较大差距。

1.3 深化研究阶段

1.3.1 恢复力的扩展

从恢复力研究的文献统计来看，1973—1995 年，恢复力研究的文献呈现缓慢增长趋势，到 1995 年之后呈现快速增长趋势（图 1-1）[25]。20 世纪 90 年代中期至 2005 年前后为恢复力的深化研究阶段。这一阶段的主要特征是将恢复力的概念从生态系统扩展到社会经济系统和复杂适应性系统，并深入探讨了恢复力与其他生态学概念的区别和联系，以及恢复力的影响因素，同时有学者开始尝试开展恢复力的定量评估。

1996 年恢复力被应用于社会经济系统，Brown（1996）定义了社区恢复力（community resilience），即从灾难中或持续的生活压力中恢复和轻松调节压力的能力 [38]。Paton（2000）认为社区恢复力为暴露于灾害后，反弹和有效使用物质以及经济资源来帮助恢复的能力。Adger（2000）定义社会恢复力为社区及其社会基础设施抵抗外部冲击的能力 [10]。Tobin（1999）和 Rose（2007）认为社会恢复力是一个社会有效应对危机的能力，其可使社会能最小程度地依赖外部援助，能够发生于多种空间尺度 [21,39]。Perrings（1998）将恢复力的概念用于经济—环境系统，提出不同状态之间的转换概率可用于评价恢复力，阐述了马尔科夫模型来分析系统转换的优势 [40]。

现实世界是自然和人类相互联系的系统，系统内人们依赖自然，自然被人影响 [41]，因此被称为社会—生态系统（Social-Ecological System，SES）。1999 年，由多学科的科学家和实践者组成的研究性组织"恢复力联盟"（Resilience Alliance）成立，其致力于探索社会—生态系统的动态特征。恢复力联盟探索的知识体系包括恢复力的关键概念、适应性和可变换性，为可持续发展政策的制定和具体实施提供基础理论和应用实践[42]。恢复力联盟认为社会—生态系统恢复力的定义应该具有三个属性，即恢复力是维持相同功能和结构而能够承受的改变量，是系统自组织能力的度量，是学习与适应能力的度量（Resilience Alliance，2002，n.p.）[43,44]。

恢复力联盟的成立客观上促进了恢复力研究的快速增长[25]，在恢复力联盟定义的基础上，研究者针对恢复力的相关概念进行了补充、完善和讨论。Waller（2001）认为生态恢复力是对逆境的正向适应性，而不是缺乏脆弱性，也不是系统固有的特征，不是静态的[45]。Carpenter（2001）认为恢复力是需要跨过干扰阈值的振幅[43]。恢复力本身必须与一个给定的观点和问题相联系才能被定义，例如，什么是干扰，影响哪些因素，哪些特征具有恢复力等[43]。Klein（2003）定义恢复力为系统经历压力后恢复和返回到原始状态的能力，更精确地说是系统保持在同一状态或引力域吸收的干扰量，以及系统能自组织的程度[22]。这在一定程度上与恢复力联盟的定义保持一致。Longstaff（2005）阐述到恢复力出现在高度适应和有多样性适应能力的系统中，是个体、种群或生态系统面对突袭继续存在的能力[46]。Cumming（2005）将视野聚焦到系统的标识，将恢复力比喻为维持关键组分和这些组分之间关系以及连接性的持续时间[47]。如果恢复力低，标识或许就会消失，通过标识丢失就能得出恢复力降低的结论，因而恢复力可以通过系统标识的定量和潜在变化评估变得具有可操作性[48]。标识的定义是一个主观臆想过程[47]，就像恢复力本身必须与一个给定的观点和问题相联系才能被定义[43]。

1.3.2　恢复力的影响因素

许多学者针对恢复力的影响因素以及如何增强恢复力进行了进一步的讨论。Lavorel（1999）研究了多样性和恢复力的关系，认为多样性可以通过三种方式来帮助提升生态恢复力[49]。Mitchell 等（2000）用多样性—稳定性、铆钉、冗余和异质性四个假说详细阐述了生物多样性和生态恢复力的关系 [50]。Adger 等（2005）认为在生态系统中，生物多样性、功能冗余、空间格局能影响恢复力。在社会系统中，资源使用格局的多样化、可代替活动、生活方式、社会存储都影响着恢复力 [51]。同样，Brenkert（2005）和 Folke 等（2006）也认为生态系统恢复力受生物多样性、生态冗余、反应多样性、空间性和管理计划的影响 [24,51,52]。Paton 和 Johnston（2011）认为社会恢复力可以通过改进社区、增强风险意识和预先准备来增强 [53]，也可以通过增加财政资金，就业多样化，增加信用和社区合作，高水平的教育，增强当地应急能力，增加社会经济刺激政策等得到增强 [4-6]。

1.3.3　恢复力的术语辨析

此外，部分学者辨析了恢复力与稳定性（stability）、适应性（adaptability）、可转换性（transformability）、脆弱性（vulnerability）、扰动（perturbation）、抵抗力（resistance）的区别和联系。Reggiani 等（2002）认为应该用动态—随机的过程来理解恢复力，当稳定性强调改变的不可能性时，恢复力则指出了改变的可能性：稳定性强调平衡、低变化性和对变化的抵抗与吸收；恢复力强调稳定阈的边界，远离平衡点的事件，高变化性和适应改变 [54]。适应性和可转换性被认为是恢复力的先决条件 [42]。适应性定义为系统调整并改变适应效应以及处理干扰的能力 [55,56]，通常被视为影响恢复力的能力。可转换性定义为转换稳定景观到一个不同类型系统的能力 [57]。适应性循环强调恢复力的时间维度，通过不同的时相轮回实现循环。可转换性强调恢复力的空间维度以及系统从上到下尺度的重要性 [57]。抵抗力和恢复力都可以通过速率函数和恢复完整性来衡量。重要的是恢复力只能在干扰停止之后确定。在脉冲干扰下，抵抗力可以在干扰发生后立即测量，而恢复力只能在干扰后随着时间的推移逐渐测量。在扩散的干扰下，抵抗力能够以干扰增加的严重程度来评估，恢复力则随着干扰的逐渐消失来衡量 [58]。Folke 等（2002）认为恢复力和脆弱性成反比 [59]，是"一枚硬币的两面" [60]。Bennett 等（2005）指出恢复力和脆弱性不能简单视为硬币的正反两面，它们的关系如同双螺旋结构，是相互交叉不可分离的，它们既可以呈现正相关性，也可以呈现负相关性 [61,62]。

1.3.4　恢复力的替代性评估

一些学者在这一阶段用替代性开展了生态恢复力的间接性评估。如Batabyal（1998，1999）用生态系统的物种数量，保持生态稳定的物种数量，期望用物种存活的数值以及死亡时间分布函数来概括恢复力 [63,64]。生态恢复力间接评价或者替代性评价可以参考恢复力机制的概念，例如，生态冗余、反应性多样性和生态存储 [65-67]，也可以参考维持系统标识的概念 [48]，或者参考使用供选择的稳定状态的概念和生态阈值的概念 [61,68]，生态特征多样性可以认为是恢复力的替代物 [69]。在相关文献中，阈值作为生态恢复力的替代物被广泛使用 [43,61,68,70]。Peterson（2000）用适应性循环模型概念性模拟了大坝建设、渔权变化和土地利用各自所处的循环阶段，并分析了三者对哥伦比亚河流域鲑鱼的影响。Alberti 和 Marzluff（2004）认为恢复力是一个稳定状态吸收的大小，是系统不转移到另一个稳定态的忍耐干扰的最大量，并利用土地覆盖、水生大型无脊椎动物、鸟类多样性来间接反映城市生态恢复力。他们指出森林斑块和已铺路面的位置以及空间结构生物完整性是恢复力变化的理想指示器，如果城市森林保有率维持在30% 以上，鸟类多样性就仍然会保持较高水平 [11]。Bennett 等（2005）发展了阈值法，得出生态恢复力（ER）与受威胁度（DT）相关，严格来说是成反比的（$ER=1/DT$[61]）。

1.4　实践应用阶段

1.4.1　恢复力的二次扩展

2005 年至今，为恢复力研究的实践应用阶段。这一阶段全球的政治活动催生了恢复力的研究兴趣，使恢复力研究的文献出现了井喷式的增长［全球政治活动包括 2005 年千年生态系统评估报告、2006 年斯特恩报告（Stern Review），联合国政府间气候变化专门委员会（IPCC）的第四次评估报告、国际气候变化会议和谈判等］[25]。这一阶段的恢复力研究开始用于解决实际问题，如应对气候变化、防灾减灾、城市规划、经济复苏、减少贫困和降低脆弱性等[26]，恢复力的研究从概念和理论开始走向定量化评价。

随着复杂适应系统成为研究的主流，恢复力随机改变调节的能力逐渐获得共鸣[9,17,71,72]，但这同时进一步加重了恢复力的难衡量性。联合国国际减灾战略（UNISDR）定义了自然灾害恢复力：系统抵抗或改变的容量，使其在功能和结构上能达到一种可接受的水平，这包含了恢复力联盟提到的恢复力的三个属性，不同的是功能和结构复原的标准变成达到"可接受的水平"[73,74]。Cutter（2008）解释说灾害恢复力包括灾前评估来阻止灾害引起损害或损失（预备力）以及灾后的对策来帮助处理使灾害的影响最小化[20]。IPCC 在极端事件和灾害管理的专项报告中指出恢复力是系统及其组分及时而有效参与、吸收、适应和从灾害事件效应中复苏的能力（IPCC 2012：5）。我国研究者指出自然灾害恢复力是社会—生态复合系统（这个系统可以是个人、家庭、社区、城市、国家等不同尺度）暴露于灾害时，在不损害其长期发展的前提下，能够吸收、响应并保护居民生命、生活以及相应基础设施少受干扰，并使其在自然灾害发生后得到修复的能力，这种能力是持续的和不断变化的[75]。

经济恢复力近年来也逐渐成为前沿领域（Rose，2009），被表示为一个国家/区域/中心适应突然经济条件改变的能力，可以单个平衡方式、多个平衡方式，或者复杂适应系统方式来研究[7]。Derissen 等（2011）研究了恢复力与生态—经济系统可持续性的关系，他们认为恢复力与经济可持续性存在四种关系，并且都可能发生。一是恢复力是必要条件，但对于持续性而言不是充分条件；二是恢复力是充分条件，但对于持续性来说不是必要条件；三是恢复力对于持续性来说既不是必要条件也不是充分条件；四是恢复力对于持续性来说既是必要条件也是充分条件。最终二者的关系如何取决于生态—经济系统最初的状态 [76]。

1.4.2　恢复力思维

随着恢复力的研究和应用范围不断扩大，用"恢复力思维"（resilience thinking）的理念来对待系统问题逐渐成为常态。从文献数量看，最近 10 年，恢复力思维持续渗透到社会—生态系统背景下的可持续性争论中 [25]。Folke（2010）说"恢复力思维"一词本身就说明了社会—生态系统以及恢复力的动态和发展 [57]，Walker 和 Salt（2006）强调"恢复力思维"更是一个对研究主题的科学理解，成为一个资源管理方式和一个世界观 [77]。Strunz（2012）阐述说"恢复力思维"替代了恢复力最初的"薄"的概念，转变成了"厚"的概念，这恰好说明社会—生态系统以及恢复力还处于激烈的争辩当中。因为恢复力无论是用概念描述，还是用评估的方式使用，如果不够清晰，就会导致超过现有知识范畴的争论，所以恢复力研究的模糊最后导致了"恢复力思维" [78] 的产生。恢复力思维的贡献更多的是概念性的，比起分析和实践工具，提供了更多的面向问题的方式 [79]。越来越多的研究者和决策者用"恢复力思维"来约束和管理人类社会活动。Rist 和 Moen（2013）以恢复力的思维看待森林的可持续性管理。Lloyd 等（2013）认为气候变化加剧了自然灾害，特别是对沿海地区造成冲击，提出了要从增强社会—生态恢复力的角度来开展沿海地区的规划 [80]。Jones 等（2013）觉得可通过制度多样性来增强社会—生态系统恢复力，加强对海洋保护区的管理 [81]。Gu 等（2012）分析了旅游发展对云南哈尼族的影响，谈论了适应变化的社会—经济条件和增强农村旅游社区恢复力的措施 [82]。

1.4.3　空间恢复力

另一个崛起的概念是空间恢复力（spatial resilience）。空间恢复力的概念起源于恢复力联盟的会议和讨论，2001 年 Nyström 和 Folke 在其文章 *Spatial Resilience of Coral Reefs* 中首次使用了这个词汇 [83]。空间恢复力关注位置、连通性和恢复力内涵的重要性。它基于这样的思想基础，即在不同尺度空间格局和过程中的变化都影响局地系统恢复力，也被恢复力所影响[84]。南非开普敦大学的Cumming对空间恢复力进行了全面的阐述[85]，他说系统的内部和外部的变量存在空间差异性，这种差异从空间和时间上影响系统恢复力，也被系统恢复力影响。空间恢复力主要的内部元素包括系统组分和相互关系的空间布局；空间性相关的系统属性，例如，系统大小、形状、系统边界的数量和本性（硬的、软的、暂时变化或者暂时固定）；恢复力的演替阶段；独特的系统属性，即空间位置的功能。空间恢复力主要的外部元素包括背景（空间环境）、连通性（空间区划）、空间动态，如空间性的驱动反馈和空间递补。空间恢复力可以被看作是不同尺度下系统或系统成分之间（基础、相互作用、适应能力、存储和历史）的相互作用。如果恢复力被认为是维持其标识的能力，空间恢复力就处理对标识内部和外部影响的空间差异[84]。Li等（2013）重申了Cumming关于空间恢复力强调位置、联系和恢复力背景，具备生态系统、景观、环境规划、管理、评价的应用潜力的观点，并将理论应用于实践，采用生态敏感性、水质指标、植被覆盖度开展了空间恢复力分区[12]。

1.4.4　恢复力的评估

这一阶段大量的研究者通过地面样方、实验监测、遥感影像处理等方式获取数据，并通过建立指标体系、模型开展了生态恢复力的定量评估，例如，Simoniello等（2008）、Harris等（2014）采用遥感手段评价了植被覆盖恢复力[86,87]；Cutter等（2008，2010）构建了局地社会灾害恢复力评估模型（DROP）[20,88]，Frazier等（2013）发展了该模型[16]；Cowell（2013）建立了社会—经济系统恢复力指数（Resilience Capacity Index，RCI）模型，Östh等（2015）修改了该模型，并建立了瑞典经济恢复力评价指标体系[7]。Boden等（2014）通过对树木年轮的评估来定量评价恢复力[89]。Bisson等（2008）用土壤类型、植被覆盖、坡度、坡向和地质5个参数模拟火灾后植被恢复力[90]。Ponce Campos等（2013）分析了不同水文气象下生态系统用水效率的变化，间接评价了面对干旱胁迫时的恢复力 [3]。随着恢复力新的定量评估方法不断出现，恢复力的可衡量性也不断加强，这进一步提高了恢复力研究的理论和实践水平。

1.5　我国恢复力研究进展

恢复力研究最多的是美国，其次是澳大利亚、英国、瑞典和加拿大。很少有文章来自亚洲中部、中东、北非和中非。研究的案例区域北美占25.4%、欧洲占 21.8%、大洋洲占 16.1%、非洲占 13.8%、南亚占 8.8%、南美洲占 5.9%、中美洲占 2.8%、东亚占 2.3%、西亚占 1.7%、北极区占 0.8%、中亚占 0.6%。美国、澳大利亚、英国和瑞典是社会—生态系统恢复力研究的前沿国家。但不是所有大国都有很多研究，如俄罗斯、中国和印度 [25]。Xu 等（2013）在 Web of Science 和 Google Scholar 统计的 911 篇文章中，中国仅有十余篇入选，累积人数几十人，而美国有605 人 [25]。

以"恢复力""恢复潜力"为关键词，以生物学、自然地理学和测绘学、地球物理学、资源科学、环境科学、哲学与人文科学、社会科学、经济与管理科学为学科领域，在 CNKI 共查询到"恢复力"的相关文献77 篇。从文章发表的时间和文献数量中可以看出，我国恢复力的研究起步较晚。1995 年才首次出现了恢复力的直接翻译文献《荒漠化：压力超过恢复力探索一种统一的过程结构》，由刘美敏、王欣翻译，刊登在中国科学院地理科学与资源研究所出版发行的《AMBIO- 人类环境杂志》（中文版）[91] 上。但直到 2002 年，才出现了第二篇有关恢复力的翻译文章《恢复力与可持续发展：在瞬息万变的世界中增强适应能力》，由刘林群翻译，是 Folke 等代表瑞典政府环境咨询委员会写的一份重要报告的摘要 [92]。2003 年 [93,94]、2004 年 [95,96]、2007 年 [97]《AMBIO- 人类环境杂志》都刊登了关于恢复力的翻译性文章，进一步将恢复力的思维介绍到国内。

我国真正开展恢复力研究始于 2005 年。王莹（2005）等以地形、气候、土壤、废弃地现状 4 大类 13 个指标，采用模糊综合评价—灰色关联优势分析的方法，建立了煤矿废弃地植被恢复潜力评价模型[98]。2007 年前后恢复力研究开始呈现上升趋势，这一时期出现了两个特征：一是梳理和总结生态恢复力的研究进展。北京师范大学刘婧、史培军（2006）总结了灾害恢复力研究进展[74]。西北大学孙晶、王俊等（2007）总结了社会—生态系统概念并对内涵做了进展综述，回顾了恢复力的应用案例，探讨了定量化问题[62]。此外，闫海明（2012）[32]、费璇（2014）[99] 也对恢复力研究进行了总结。二是除开展生态植被恢复力研究外，以缺水地区为案例区，开展了水资源恢复力或者干旱影响的恢复力研究。孙晶等（2007）从社会、经济、生态三个角度筛选水分敏感因子，开展了乡镇尺度干旱干扰下社会—生态系统恢复力研究[100]。于翠松（2007）以年降水量、年蒸发量、水土流失率、地下水更新能力、地下水开采率、水资源利用率、受灾率、人均 GDP、村村通车率等指标，对山西省各地市 2004 年水资源恢复力进行了综合评价和排序[101]。陈英义等（2008）针对区域特点，结合气候、地形、土壤、人为活动、植被五大类因素，建立了 12 个评价指标，对农牧交错带植被恢复能力进行了分级[102]。高江波等（2008）以植物群落覆盖度、植物物种多样性及群落生物量 3 个指标采用加权求和的模糊评价法来评价青藏铁路穿越区生态系统恢复力[103]。黄炬斌等（2010）在分析了铁路沿线植被群落和多样性的基础上，采用现有植被多样性、可选择植被类型、地面坡度、场地面积、土壤来源、土层厚度、雨量、灌溉条件 8 个指标建立了植被恢复潜力模糊评价模型，并对各工程扰动区的植被恢复潜力进行了排序[104]。

从 2011 年开始，出现了旅游社会—经济系统恢复力研究[59,105,106]，围绕水系统的恢复力扩展到湿地恢复力研究。张丽等（2012）考虑土地利用状况、天然水资源状况、地势、土壤类型、植被覆盖情况 5 个因素建立了湿地恢复潜力的模糊评价模型[107]。胡文秋（2013）借助 RS 和 GIS 技术，利用 Robert 湿地恢复潜力估算模型，对黄河三角洲退化湿地恢复力进行了定量评价[108]。此外，灾后恢复力也从干旱扩展到洪灾、地震及地质灾害等领域。谷洪波（2013）、舒龙雨（2013）研究了洪灾和地质灾害后农业生产系统恢复力[109,110]。金书淼（2014）研究了地震灾后城市供水系统恢复力模型[111]。2015 年出现了社区恢复力的综述性文献，说明我国的恢复力研究存在从生态系统向社会系统扩展的趋势[112]。

第 2 章

生态恢复力评价方法论述

2.1 恢复力的难衡量性

恢复力定性研究较多，定量测算研究较少 [113]，主要是因为恢复力的难衡量性，而且多数研究者对此表示认同 [27]。Karr 和 Thomas（1996），Carpenter（2001）认为恢复力本身都很难去定义，更何况定量评估 [43,114]。Frazier 等（2013）认为恢复力之所以难以定量是由恢复力指标固有的属性决定的，指标本身很难通过一个精确的方式来衡量它 [16]。Reggiani 等（2012）总结称恢复力衡量是个相当棘手的问题，虽然一些文献中提到了衡量方法，例如，从冲击中恢复的时间、吸收冲击的稳定阈宽度、潜力、熵、转移可能性，等等，但是它们仍然停留在理论水平，对于高维的动态系统或网络，用很多参数分析恢复力存在很多困难，特别是在实证研究方面 [54]。Lake（2013）说恢复力的评估要求干扰停止或消失，对于持续性的或者蔓延性的干扰，恢复力是很难定量评价的 [58]。综上可知，恢复力的难衡量性主要源于五个方面的原因：一是恢复力本身的精确定义较难；二是恢复力的定性指标衡量较难；三是干扰的定义和定量评价较难；四是恢复力是系统的固有属性；五是社会—生态系统越复杂，恢复力的定量评估难度越大。

2.2 恢复力评价的可替代性

尽管恢复力直接衡量难度较大，但是可以用系统中属性来替代和间接衡量恢复力，这个替代的属性必须与系统恢复力相关而且能被衡量 [27,77,115]。

一些研究者已经用替代性的概念来阐述和评价生态恢复力。在相关文献中，阈值作为生态恢复力替代物被广泛使用[43,61,68,70,116]，如磷浓度作为富营养化的阈值[117]。一些研究者用植被恢复困难度表示，由土壤的物理、化学性质来决定[118]。Simoniello（2008）、Harris（2014）用植被覆盖正向和负向变化的概率以及返回原平衡态的时间来研究恢复力[86,87]。王立新（2010）以代表典型草原生态系统恢复程度的羊草、大针茅等物种数量和地上生物量与指示退化的冷蒿、糙隐子草物种数量和地上生物量的比例来衡量处于不同演替阶段的草原群落的恢复力[15]。郑伟等（2012）利用植物多样性在不同空间尺度上的关键变量共同决定生态系统恢复力的大小[119]。此外，还出现了其他生态恢复力的替代概念，包括"速率"，如植物多样性恢复速率[120]，生态系统维持其重要特征植物组分、结构、功能和过程速率[113]；也包括"时间"，即生态系统恢复到原有状态所需时间和与原有生态系统的相似程度[121]，关键生态系统指标从压力中恢复到稳定状态的时间[27]；还包括"概率"，即生态系统维持原状态或转移到不同状态的概率[19]，也指生态系统中一整套物种一部分的存活率[27]。

恢复力是个相对概念[122]，要使恢复力可衡量和具有可操作性，就必须明确"在什么条件下（to what）和处于什么状态的系统（of what）的恢复力"[43]。"to what"要明确干扰体制，例如，干扰的类型、频率和强度，"of what"说明特定的状态体制是有恢复力的。

Bennett（2005）建立了五个步骤来筛选恢复力的替代性概念。一是定义问题，如系统在哪些方面是有恢复力的？或者管理者希望哪些变化能够复原？二是辨识反馈循环过程，如哪些变量或参数在发生改变，驱动因子是什么？三是设计系统模型，找出关键因素以及因素之间的联系。模型中存在哪些正反馈循环，这些循环联系着哪些变量。四是识别恢复力替代物。什么因子驱动系统从这个循环步入另一个循环。五是使用模型来评估生态恢复力替代概念。包括确定反馈循环中稳定态变化的阈值，状态变量与阈值之间的差距，状态变量朝着阈值变化的速度，外在的干扰和控制力怎样影响状态变量，缓慢的变量变化怎样影响阈值的位置，哪些因素控制

着缓慢的变量改变 [61]。

2.3 生态恢复力的影响因素

2.3.1 影响因素总述

当恢复力发展到"恢复力思维"这个概念时，由于定义不断被稀释而变得模糊，恢复力的定量评价走入了"瓶颈"。研究者更多的考虑恢复力的影响因素，通过调节这些因素，来增强恢复力，从而提升系统应对干扰的"免疫力"。

多数研究者认为通过拥有或维持较高的生物多样性，包括充足的功能群、自然水平的异质性 [34,35]，可以增强恢复力。物种多样性与生态系统恢复力呈现正相关，而且随着物种多样性的增加，恢复力增加到一个渐近线 [36,37]。除生物多样性外，生态冗余、反应多样性、立地条件、空间格局和资源利用以及管理方式也影响恢复力 [24,51,52]。

不同系统之间恢复力的差异性，除受系统内部因素制约外，还受外部因素的影响，如气候、外来干扰、地形、基质条件，等等。空间恢复力表现出异质性。系统的空间环境，系统大小、形状，系统边界的数量和本性（硬的、软的、暂时变化或者暂时固定），系统的空间位置及连通性都是影响恢复力的重要因素 [84]（表 2-1）。

表 2-1　生态恢复力影响因素

分类	因素	影响程度
内部因素	生态系统组分	内部因素决定了生态恢复力"与生俱来"的本质性，但内部因素如何影响生态恢复力、影响程度如何尚处于不断探讨和争论中
	组分的多样性和异质性	
	组分的自然格局	
	系统的负反馈机制	
外部因素	气候（降水、温度、光照等）	外部因素决定了生态恢复力的空间异质性，通过恢复力差异性的研究可间接评估外部因素对系统的影响
	地形（高度、坡度等）	
	基质（土壤、地质等）	
	管理方式（轮作、人工干预）	

2.3.2　立地条件

立地条件是指影响树木或林木的生长发育、形态和生理活动的地貌、土壤、水文等各种环境条件的总和。高程、岩性、坡性等非生物因素密切影响着生态恢复力[123]。高华端等利用成因分析与统计分析方法，研究了强度石漠化地区岩性、坡度、坡位、坡性对植被恢复潜力的影响程度，结果表明，岩性和坡性是强度石漠化地区基于植被恢复潜力的主导立地因子[124]。张远东等分析了川西亚高山森林大规模采伐和更新后，主要森林植被类型分布的地形分异规律和空间格局，结果表明，森林恢复表现出坡向分异：人工更新的中幼龄针叶林主要分布于阳坡、半阳坡；落叶阔叶林和针阔混交林受天然更新的影响，主要分布于阴坡、半阴坡；老龄针叶林主要保留在海拔 3 600 m 以上区域[125]。

2.3.3　生态存储

生态存储是指生态系统受到干扰后可能会进行重组的组分和结构。生态存储包括两个部分，一是受干扰区周边遗留下来的生态环境，为受干扰斑块提供物种来源和支持；二是干扰区本身幸存的有机体和有机结构[27]。生态存储所包含的范围较广，其中包含功能群的数量[27]、土壤种子库[27]、土壤营养物质含量[126]和沉积物累积[127]等。

物种丰富度对于理解生态系统恢复力是不够的，而功能多样性与生态系统恢复力的相关性或许更大，特别是反应多样性（物种对于不同干扰反应的多样性）和功能组被认为是恢复力的关键[128]。恢复力与物种多样性、功能组的数量有关系[27]，也与移动链接物种（mobile link species）[129]、相对丰富性较少的尾部物种（tail-end species）有关[130]。张远东等分析了川西亚高山森林大规模采伐和更新后，主要森林植被类型外貌与起源之间的联系。结果表明，大规模采伐和更新后，森林植被类型的外貌与起源相关，老龄针叶林为保留下来的原始林，中幼龄针叶林为人工林，落叶阔叶林为天然次生林，而针阔混交林中既有天然次生的成分，也有人工和天然更新共同作用的成分[125]。

土壤种子库是植被恢复潜力的重要因素。研究表明，在金沙江干热河谷区土壤种子库中种子萌发的潜力表现为沟道的植被恢复潜力最高，荒草地次之，灌木地恢复潜力最低[131]。土壤种子库也是影响湿地恢复的重要因素[132]。Matthew 发现，盐沼植被的恢复力和稳定性与泥沙沉积密切相关。在致命性干扰（施用除草剂）后，没有泥沙沉积的林地没能恢复过来，而受到影响的沼泽地则转变为泥滩，并在超过两年的观察期内一直维持这一状态不变。与之相对，有大量和中等量泥沙沉积的林地则在致命性干扰后快速恢复，月均恢复率达 8%～11%，最终达到 50% 这一对照水平（因变量是描述植被状况的复合变量）[127]。

2.3.4 局地气候

局地气候（如降水、蒸发、日照强度等）影响着生物生产力，直接或间接影响受干扰区的生态恢复潜力。阿舍小虎的研究表明增温与降水改变对川西北高寒草甸植物物候及初级生产力产生了显著的影响[133]。苏佩凤通过典型调研与定点试验，揭示了天然草原植被对降水量的响应关系，研究天然草原植被生产力与降水量的耦合性，为草原恢复提供依据[134]。

2.3.5 管理措施

生态系统受干扰退化后的管理措施严重影响着生态恢复潜力。管理措施包括自然封育、生物措施修复、工程措施修复，不同的处理方式对应生态恢复的速度和效果是不一样的。Hmmyashi、Brown、Mengistu 等研究了生态恢复与封育保护的相关性，研究表明封育是促进干旱区退化生态系统恢复的最有效的方法之一[135-137]。Wang 等研究了植被恢复与土壤侵蚀的相关性，研究表明在长期遭受侵蚀的区域，由于根的缺乏自然植被恢复非常缓慢，而在坡地上种植一些经过筛选的木本植物则可加快植被恢复速度[138]。

尽管也有研究者表明，生态系统受损程度[139]、土地利用程度[140]、外来物种入侵[27, 141]对生态恢复力起着关键作用，但这些都是生态系统的外在属性，从本质上讲与生态恢复力固有属性的初衷相悖，因此立地条件、生态存储、局地气候、管理措施成为影响生态恢复力的关键因素。

2.4　恢复力的定量评价方法

当前，恢复力的定量评价方法主要分为三种，即模糊评价法、梯度实验阈值法、概率衰减法。

2.4.1　模糊评价法

模糊评价法是建立在系统属性特征现状评估的基础上，通过建立指标体系并获取指标权重，采用加权叠加方式求得恢复力综合指数的粗略模拟方法。筛选评价指标主要依靠研究者的经验，常常建立在"恢复力影响因素"思维的基础上，也就是系统的哪些现状特征、参数或指标影响着系统恢复力，对于恢复力是产生正效应还是逆效应。模糊评价法的特点是既可以考虑干扰的因素，也可以不考虑。考虑具体干扰因素时对指标及其权重的选择有影响，不针对特定干扰因素时，评价结果为任何干扰下的恢复力的模糊显示。模糊评价法应用范围很广，但存在很强的主观性。

在生态系统，主要是通过土壤、植被、地形、多样性等参数的现状特征来反映植被生长潜力。例如，Bisson 等（2008）认为生态系统的土壤类型、原有植被覆盖度、坡度、坡向和地质 5 个参数影响着火灾后植被恢复力指数（VRAF），因此以这些参数来模拟意大利比萨省托斯卡拉西部的植被恢复潜力（在权重确定时考虑了火灾干扰强度的因素，对于高度燃烧的区域来说，权重分别是土壤 0.4，植被 0.25，坡度 0.24，坡向 0.08，基岩 0.03；对于中度燃烧的区域来说，权重分别是土壤 0.33，植被 0.33，坡度 0.18，坡向 0.12，基岩 0.04），并以火灾后的 NDVI，对 VRAF 的可靠性进行验证[90]。高江波等（2008）在青藏铁路穿越区选择了 50 个样点，每个样点设置 5 个样方分别测定植被覆盖度、物种多样性和群落生物量；而后根据测得的样方值，按照生境条件，模拟穿越区每一栅格点的群落特征值；同时计算各指标下无量纲化属性值的均方差，确定各指标的权重系数，最后利用突变模糊隶属函数进行恢复力综合量化[103]。战金艳等（2012）分析了森林生态系统恢复力的影响因素，从生境条件和生态存储两方面遴选出 26 个指标，建立了森林生态系统恢复力评价指标体系，并以江西省莲花县为案例区，采用组合赋权法确定了指标权重，通过空间叠加计算了莲花县森林生态系统恢复力[113]。此外，许多研究者开展了湿地恢复潜力的研究。Robert（2004）基于水文、土壤、历史条件、植被覆盖、临近植被类型和土地利用建立了基于 GIS 的湿地恢复潜力评价模型[142]，这一模型在中国获得了广泛的应用[108,143]。Dale White（2005）改进了这一方法，考虑了土壤含水率、土地利用、地形、河流等级以及由坡度和累积流量组成的饱和指数 5 个指标，采用加权求和方法评价湿地恢复的潜力[144]。

在社会系统，主要是通过房屋、就业、基础设施、制度等方面的现状特征反映面对灾害、经济衰退后的恢复力。Cutter（2010）基于社会、经济、制度、基础设施、社区资本五个方面建立了局地社区灾害恢复力评估模型（DROP）。其中，社会指标包括教育公平、交通易达性、通信能力等；经济指标包括房屋资本、就业、收入与公平等；制度指标包括减灾规划人口覆盖、市政服务、先前灾害经验等；基础设施指标包括住宅类型、避难能力、医疗能力等；社区资本指标包括政治约定、宗教参与、社团参与等。指标为等权重，基于两点考虑，一是叠加综合时容易理解，二是没有发现理论和实际的解释来说明不同指标的权重差别。现有的确定权重的方法也是很主观的，不能总是反映决策者的优先顺序[20,88]。Östh 等（2015）基于 Cowell（2013）恢复力指数（RCI）建立了瑞典经济恢复力综合评价体系，所采用的指数由 12 个指标组成，分为 3 个组，每个组 4 个指标，分别是空间经济能力指标，包括基尼系数、产业结构、住房花费、商务环境；社会人口能力指标，包括受教育人口比例、健康人口比重、脱贫人口比重、保险覆盖比重；社区连通性指标，包括市政基础设施、常住人口比重、自有住房比重、参与选择比重[7,8]。Shaw 等（2009）在《气候和灾害恢复力倡议》中构建了气候灾害恢复力指数（CDRI），对亚洲的越南、菲律宾、泰国等国家的 15 个城市进行了恢复力的现状评估，参考因素包括自然、物理、社会、经济和体制 5 个方面，运用加权平均方法计算总的指数[18]。

模糊评价法简单易行，但其评价过程依赖于经验知识，结果的可靠性验证也存在难度。此外，模糊评价法的结果是无量纲的，适用于不同区域间恢复力的相对比较，或者恢复时间、速度快慢的定性评价（表 2-2）。

表 2-2 生态恢复力评价方法对比

方法	难易程度 （五★表示最难）	理论框架	应用尺度	可操作性	结果属性	客观性
梯度实验 阈值法	★★★★★	Holling 恢复力	系统 / 区域尺度	弱	绝对值	较强
模糊 评价法	★	Pimm 恢复力	各尺度	强	相对值	较差
概率 衰减法	★★★	Pimm 恢复力	系统 / 区域尺度	较强	相对值	较强
直接 对比法	★★	Pimm 恢复力	各尺度	强	相对值	一般

2.4.2 梯度实验阈值法

所谓梯度实验，就是逐步增加干扰的强度，以此观测系统状态变化（通常用系统的某一属性或特征参数表示），将系统参数随干扰增加的变化速率作为"工程恢复力"的测算依据，而系统状态发生质的转变时干扰的阈值作为"生态恢复力"的测算依据。系统的参数根据时间和空间的转换速率可分为快速变量和慢速变量[77,145]。慢速变量控制整个生态系统，确定系统所处的稳定位置[42]。慢速变量的现状值与生态阈值的差值也被认为是生态恢复力的衡量标准[117]。慢速变量的现状值较易测算，而生态阈值较难测算。Brand 等（2009）总结了 3 种可能的恢复力测量方法：①经验性的外推控制变量远离阈值的且返回次数；②评估快速变量在阈值上下的标准差；③重复计算费舍尔信息（Fisher Information）[117]。但这些方法在生态系统恢复力研究中还没有得到广泛验证，有待深入探讨[32]。

系统接近临界阈值可以通过临界减速的现象来识别[146]。临界减速的两个决定性特征为增强的变量和增强的自相关性[147,148]。在生态系统背景下增强的空间自相关性可以额外认为是接近临界转移的早期预警信号[149]。例如，Carpenter（2006）认为，树木年轮宽度下降的同时标准方差增加可以视作在系统转换前临界降速的表征[150]。Dakos 等（2012）、Boden 等（2014）研究表明，树木年轮宽度下降的同时一阶自相关性增加可以看作在转换前临界降速的早期预警信号[89,148]。Ponce Campos（2013）的研究表明随着降水量的增加，系统的平均雨水利用效率（ANPP/降水关系的斜率）呈现下降趋势；随着蒸发量的增加，系统的用水效率保持不变（ANPP/蒸发的斜率）；当水限制最严重时（最干旱年份），所有生态系统都出现了最大的用水效率，这表明在面对极端干旱的胁迫时，生态系统通过调节用水效率来维持本能的恢复力，当用水在一段时间内时，用水效率维持不变[3]。此外，Slocum（2008）用实验性的干扰研究了盐沼泽压力梯度下的恢复力，将临界压力作为吸收干扰量表示为恢复力[127]。Vitale（2007）通过叶面积模型，用模拟的每年度增长的斜率来表示和评估实验性火灾地物种的恢复力[151]。

梯度实验阈值法需与特定的干扰联系起来，识别干扰会对哪些参数产生影响，构建参数评估方法，识别临界减速的基本特征，并将其与临界阈值连接起来。

2.4.3　概率衰减法

概率衰减法首先评估维持某一重要生态属性（物种组成及数量、植被覆盖、预期寿命等）概率，通过概率随时间的变化规律，如衰减时间来表示恢复力。指数衰减被显示为特殊有效的表征短期记忆的恒定过程，已经在很多研究中应用[152-154]（Simoniello et al., 2008；Coppola et al., 2009）。Lanfredi 和 Simoniello（2004）发明了一种植被覆盖的维持概率来评价恢复力的方法，采用的技术是基于"信号—时间"分布的概念[155]，假设恢复过程是统计平均到一个原始值。Lanfredi 和 Simoniello（2004）使用 1985—1995 年意大利地中海区域的 AVHRR-NDVI 平均值作为系统的初始状态，从 1996 年开始，如果与上年度相比，栅格的 NDVI 增大，则该栅格值用 +1 表示，反之则用 -1 表示，以此类推，最后算出 1996—1999 年各年度的栅格累计值；理论上，时间越长，累积值为正或负的概率越低，以此定义并评估累计值的衰减时间，如果正趋势概率的维持时间长而负趋势时间短，说明系统恢复力较大；反之系统恢复力较小 [152]。最后用该方法评估了意大利地中海区域恢复力以及几个小区域恢复力的差异性。Simoniello（2008）使用 1982—1991 年意大利的 AVHRR-NDVI 平均值作为系统的初始状态，以 1992—2003 年为恢复过程，考虑了气候的胁迫，对比了地中海亚热带气候以及南部的暖温带大陆气候区域植被覆盖恢复力的空间差异性。Harris（2014）利用 1983—1991 年 AVHRR-NDVI 平均值作为参考，以 1992—2006 年为恢复过程，同样考虑气候因素，用相同的方法对比了热带稀树草原和干旱台地高原植被覆盖恢复力的空间差异性 [87]。

与模糊评价法、梯度实验阈值法相比，概率衰减法有三大优点。一是评价相对客观，无须像模糊评价法那样主观筛选评价指标和主观确定权重，避免了经验性误差。二是评价过程可操作性强，数据可以通过遥感方式获取，尺度可大可小，而且无须像阈值法那样采用一定的方法判断"临界减速"。三是具备空间恢复力的评估潜力，按照胁迫特征的空间分布进行统计，可以识别基于胁迫条件下的恢复力空间差异性。

概率衰减法是一种相对客观的恢复力评价方法，但其拟合的衰减时间只能表示恢复力的相对大小或相对快慢，并不能代表系统恢复的绝对时间（表 2-2）。

2.5 Holling 恢复力评价

Holling 恢复力的广义定义，决定了其概念较难用指标来诠释。一是很难定义什么是干扰 [122]；二是构建干扰与响应参数之间的关系存在困难 [146,147,149]；三是定义系统的多个稳定状态，识别发生状态转移的条件也存在诸多困难。Holling 恢复力认为外部条件使系统存在相互交替的稳定态，如降水、放牧压力和火灾等因素决定了热带草原全部为草本，或者局部兼有木本；营养负荷的改变决定了潜水湖可以在有水生植物的清水湖和无水生植物的浑浊湖两种状态下相互交替[156]。

当状态变量（快变量）对驱动变量（慢变量）发生响应时，系统通过背向褶皱曲线体现出交替的引力域（图2-1）。慢速量决定系统所处的稳定位置[42]。恢复力可以用状态变量（快变量）发生改变或转移时驱动变量（慢变量）的现状值与阈值（图2-1中的 T_1 和 T_2）之差来表示[117]。慢变量的现状值测算较易，而阈值测算较难。统计慢变量远离且返回特定值的次数以及计算快变量在特定值上下的标准差[150]等方法可以用来识别阈值[117]，但这些方法还没有得到广泛验证[32]。也有研究者认为系统的临界阈值可以通过"临界减速"的现象来识别[146]。临界减速判断标准为增强的变量和增强的自相关性[89,147-149]。Holling恢复力需与特定的干扰联系起来，识别干扰会对哪些参数产生影响，构建响应关系，识别临界减速的特征，并将其与临界阈值连接起来，这些都决定了Holling恢复力难以评估，使其更多地停留在理论层面，实践验证较少。

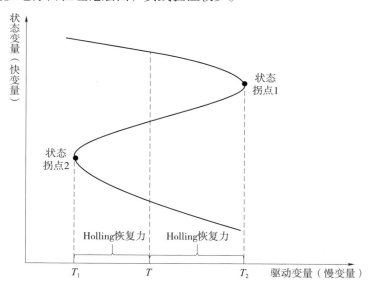

注：T_1 和 T_2 表示系统发生状态转移时驱动变量的阈值，T 表示驱动变量现状值，阈值与现状值之差表示 Holling 恢复力。

图2-1　系统状态转移模型

2.6 Pimm 恢复力评价

Pimm 恢复力与 Holling 恢复力比较来说更易于评估，也更具有可操作性[54,157,158]。Pimm 恢复力的评估不需要考虑干扰，只需明确系统中哪些有代表性的属性具有恢复力。一方面通过构建"增强"恢复力的指标体系评估恢复力，另一方面可以通过系统干扰前后、受干扰与未受干扰等对比评价恢复力[158]。

模糊评价法是 Pimm 恢复力应用最广的评价方法。在系统属性特征现状评估的基础上，通过构建指标体系并获取权重，采用加权叠加方式求得恢复力综合指数，广泛应用于植被[90,142]、湿地[108,142-144]的恢复力评价。Pimm 恢复力评价也可以用概率衰减法表示。正向演替的衰减时间小于负向演替的衰减时间，表示系统的恢复力高，反之恢复力较低[152-154]。直接对比法是生态恢复力评价的方法之一。对比系统干扰前后，受干扰与未受干扰的系统参数，不仅可以了解恢复进展，也可以评估和预测未来恢复潜力。Mauro 采用多时相的 MODIS 数据，绘制了植被指数随时间变化的动态图，通过对比火灾前后数据了解恢复时间；同时通过火烧迹地与未燃烧参考地的对比，分析了火烧迹地的恢复情况和恢复力[159]。直接对比法相对简单，但评价的结果也不能代表系统恢复的准确时间，同样是恢复力的相对评价（表 2-2）。

第 3 章

汶川地震生态恢复力及拟合修正法

3.1 灾害驱动下生态恢复研究

3.1.1 重点关注的灾害领域

效果评价[160-164]、效应评价[165,166]和效益评价[167-172]是生态恢复评价的三个方面。效果评价是指与既定目标或参照系统对比，生态系统组分、结构、格局的恢复状况。效应评价是指该生态系统的恢复对其他生态环境产生的有利或不利效应，如植被的恢复给水、大气、土壤、其他生物带来的影响。效益评价是指生态系统恢复后产生的社会价值、经济价值、生态价值，是生态恢复货币化的表现。灾害的特点是突发性、瞬时性、破坏性、影响时间长。灾后恢复评价以效果评价为主。从文献计量统计看（CNKI 和 Elsevier，表 3-1），研究频次最高的为森林火灾、采矿、地震及地质灾害、飓风灾害、旱灾、火山喷发六大灾害（含人为灾害）[173]。地中海沿岸国家[174-180]，以及美国、加拿大、中国、巴西、俄罗斯[138,181,182]等森林面积较大的国家是森林火灾生态恢复评价的热点地区。汶川和台湾是地震及地质灾害生态恢复评价热点地区[183-187]。农作物在干旱和恢复状况下的生理生态响应是旱灾生态恢复评价的重点领域[188-192]。矿山废弃地植被演替是采矿与地面沉降灾害生态恢复研究的重要内容[193-197]。火山岩沉积区植被的演替[198]、城市森林的恢复[199]分别是火山喷发和飓风灾害重点关注的对象。

表 3-1　灾害生态恢复评价文献计量（参考刘孝富等 [173]）

恢复关键词	灾害关键词	CNKI		Elsevier		恢复评价总数 / 篇	占比 /%
		文献数 / 篇	恢复评价数量 / 篇	文献数 / 篇	恢复评价数量 / 篇		
植被恢复、生态恢复	地震	31	7	11	3	10	2.07
	泥石流	7	3	5	1	4	0.83
	崩塌、滑坡	3	3	22	10	13	2.69
	火灾	20	7	289	214	221	45.66
	旱灾	21	6	9	5	11	2.27
	采矿	170	30	218	158	188	38.84
	塌陷与沉降	15	0	5	1	1	0.21
	火山爆发	0	0	20	7	7	1.45
	飓风、台风	7	5	56	15	20	4.13
	雪灾	2	1	10	2	3	0.62
	洪灾	2	2	16	4	6	1.24

3.1.2　灾害生态恢复研究内容

灾害生态恢复评价主要包含三个方面的研究内容。一是受灾生态系统时间序列的演替研究。Messier 等研究了火灾后 2 年、4 年、8 年加拿大沙龙白珠群落植被生物量、叶面积指数、根状茎比例等演替特征 [181]。Clemente 等研究了地中海某地火灾后 13 年里森林格局的变化 [175]。林文赐研究了集集地震发生后 1 年 [183]、2 年 [184]、6 年 [185]、7 年 [186]、10 年 [187,200] 滑坡面积、植被覆盖度、土壤年平均侵蚀深度等变化。二是受灾生态系统恢复效果的差异性和相关性分析。不同的自然环境本底条件、灾后不同处理处置方式、不同的保护措施、不同受灾程度等条件下受灾生态系统恢复效果存在差异性。Dodson 等认为植被恢复与火灾程度之间呈现一定的关联性，焚烧物覆盖低于 40% 时，植被恢复与焚烧物覆盖成正比，当焚烧物覆盖超过 70% 则呈现负相关[182]。Wang 等研究表明长期土壤侵蚀使自然植被恢复非常缓慢，在坡地种植木本植物可以加速植被恢复[138]。Knapp、Scott、Partridge 等认为废弃矿区受损生态系统很难恢复到初始状态，因为这些区域外来干扰太强以至于阻碍了本土物种的自然修复[193,194,197]。三是受灾生态系统趋势预估。一些研究者针对受灾生态系统的恢复时间进行了定性的粗略评估，如 Lesschen 认为半干旱环境下撂荒地需要至少 40 年的时间才能自然达到稳定状态[201]。Rydgren 等认为阿尔卑斯山废土堆线性演替规律表明至少还需要 35～48 年的时间才能让废土堆融入环境[195]。Dale 等预测火山岩沉积区需要几十年的时间才能实现 100% 的植被覆盖，而系统的完全恢复则需要 100 年甚至更多的时间[198]。

由表 3-1 可知，灾害的生态恢复评价领域以火灾和人为采矿干扰居多，地震灾害的生态恢复研究偏少（文献仅占约 2%）。同时，从研究内容看，以生态恢复效果的现状描述为主，生态恢复的预测较少，尤其缺乏预测方法的研究。开展灾害生态恢复力研究，拓展灾害驱动下生态恢复研究领域，完善评价方法成为未来研究的热点。

3.2 灾害生态恢复力研究存在的问题与解决方案

3.2.1 存在的问题

（1）缺乏灾害驱动下的具有可操作性的生态恢复力定义

当前恢复力的广泛应用，促使恢复力理论进一步丰富，但同时也加深了恢复力定义的模糊性，使其可操作性和实践应用变得越来越困难。同时，针对灾后的生态恢复研究也以恢复效果定性描述为主，缺乏对未来恢复趋势的预测。尽管生态恢复力已经有描述性的定义，但尚缺乏灾害驱动下的、具备可操作性的生态恢复力定义，无法对生态系统演替做出预测。针对灾害特点，开展可操作性生态恢复力定义，对于丰富恢复力内涵具有理论意义，同时在防灾减灾方面也具有实践作用。

（2）生态恢复力的"绝对值"评价方法研究不足

Holling 恢复力框架下的阈值法，尚停留在理论层面。Pimm 恢复力框架下的模糊评价法因其流程简单、参数易获取等特征，是当前恢复力研究的主要方法，但模糊评价法依赖研究者的经验判断，主观性较强，具有很强的局限性。当前的概率衰减法也只适用于系统和区域层次，不适用于单个"像元"或"斑块"。无论是模糊评价法、概率衰减法还是对比法，其评价结果都是无量纲的，计算数值代表了生态恢复的好与坏、快与慢，而不能精确表示 Pimm 恢复力所强调的时间或速率。开展生态恢复力"绝对值"评价方法研究，对于进一步提升恢复力理论的可操作性和应用性具有重要意义。

（3）生态系统功能恢复力考虑不足

尽管在生态恢复力的描述性定义中，将生态功能恢复包括其中，但从恢复力的定量评价文献看，对生态系统功能恢复力考虑和研究不足。物种多样性、土地覆盖、植被覆盖度等指标或参数仅能代表生态系统的结构，结构的恢复并不代表生态系统功能的恢复，相反，生态功能的恢复代表着生态系统整体的恢复进度。因此，在生态恢复力的定义和评估过程中，需综合考虑生态系统结构和功能，以全面反映生态系统的恢复力。

3.2.2　解决途径

（1）开展灾害生态恢复力的定义：针对灾害的特点及其对生态系统的影响，从恢复力评价的可操作性、生态恢复的全面性等角度出发，开展灾害驱动下生态恢复力的定义。

（2）构建灾害生态恢复力评价指标体系：在分析现有生态恢复力评价指标的基础上，结合灾害生态恢复力的定义，构建灾害生态恢复力评价指标体系。

（3）构建生态恢复力评价技术方法：以"绝对值"评价为核心，构建恢复力评价的技术方法和思路，探讨恢复力评估的验证方法和空间差异性评价方法。

（4）开展案例研究：从生态系统结构、功能等方面全面分析灾区生态恢复现状，预测未来恢复趋势，提取恢复力较差的重点区域，指导灾区制定防灾减灾规划。

3.3 灾害生态恢复力自定义与评价指标

3.3.1 灾害生态恢复力自定义

（1）定义

与持续性干扰不同，灾害的特点是突发性、瞬时性、破坏性、影响时间长。灾害（如地震）可瞬间将生态系统分割为受损和未受损两个类型，灾后恢复重点在于受损生态系统的恢复。在 Pimm 恢复力的框架下，本书将灾害生态恢复力定义为灾后受损生态系统面积、结构、功能稳定达到或者超过灾前水平的时间。该时间既代表了当前的恢复现状，也预示着未来的恢复趋势。

（2）特点

本书所定义的灾害生态恢复力有四个关键词，一是"受损生态系统"，即灾害生态恢复力研究的对象为受损生态系统；二是"面积、结构和功能"，即从面积、结构和功能三个角度全面反映恢复的程度和恢复的潜力；三是"稳定达到"，即某一时刻达到灾前水平可能存在"偶然性"，并不代表完全恢复，多个时刻同时达到灾前水平才能表示恢复的"必然性"；四是"时间"，时间是恢复力的最终表征，体现了定义的可操作性。

（3）与其他术语的区别

恢复力要注意与其他术语的区别，以免相互混淆。

恢复力（resilience）：既表示恢复的现状也表示恢复的潜力，在本书中用恢复的时间来表示。

恢复率（recovery rate）：恢复的程度占受损程度的百分比，或恢复过程的现状值与未受灾前状态值的百分比。在一定条件下，恢复力与恢复率成正比。

抵抗力（resistance）：在恢复过程中所受到的阻碍。在一定程度上，恢复力与抵抗力成反比。

适应力（adaptability）：恢复过程中适应新环境的能力，但并不代表能恢复到灾前状态。

3.3.2　受损系统生态恢复评价指标

受损生态系统生态恢复的评价指标包括面积、结构和功能指标，现阶段的生态恢复研究主要围绕生态系统结构构建指标，如动植物物种丰富度，植被结构指标包括植被覆盖、密度、高度、枯枝落叶结构、生物量等，也包括土壤氮含量、土壤有机质含量、土壤有机碳含量等[162,166,172,202,203]。也有专家用指示物种的丰富性和多样性来反映生态系统的恢复状况[204]。本书在综合分析生态恢复评价指标的基础上，提出了受损生态系统生态恢复评价的通用指标体系（表3-2）。在具体的实践过程中，可优先考虑恢复力评价的可操作性，以及研究区的特点，针对具体问题筛选指标，最大限度地反映生态恢复的整体性和全面性。

表 3-2　受损生态系统生态恢复评价通用指标体系

指标大类	指标小类	指标名称	潜在的表征方式
受损生态系统面积	受损范围	面积	面积
	空间分布	布局	格局指数
受损生态系统结构	植被	物种多样性	多样性指数、高等级物种占比
		物种密度	乔灌密度、乔木高度
		植被覆盖度	NDVI/EVI
		植被覆盖类型	土地利用分类
	土壤	土壤水分	含水率
		土壤营养物质含量	N/P/K/ 有机质含量
		土壤物理性质	土壤孔隙度

续表

指标大类	指标小类	指标名称	潜在的表征方式
受损生态系统功能	生物多样性维持	生境适宜性	生境适宜面积
	水土保持	土壤侵蚀量	土壤侵蚀模数
		土壤侵蚀敏感性	各级别土壤侵蚀面积
	水源涵养	林冠截流量	植被覆盖度、叶面积指数、叶片截流量
		地被吸收量	枯落物现存量、枯落物最大吸水率
		土壤涵养量	土壤深度、孔隙度
	固碳释氧	固碳释氧量	NPP/光合有效辐射

3.4 研究区及数据源

3.4.1 研究区概况

本书以 10 个受灾极重县市为研究对象，分别是汶川县、茂县、北川县、都江堰市、彭州市、什邡市、绵竹市、安州区、平武县、青川县，总面积 2.6 万 km²，均在四川省境内。汶川县、茂县、都江堰市属岷江流域，彭州市西南和南部边界地区属岷江流域；丹景山镇以北山区和东南部的大片区域属沱江流域，什邡市、绵竹市属沱江流域；安州区、北川县、平武县、青川县属嘉陵江流域。

研究区地形复杂多样，相对高程大，海拔为 490～5 600 m。多年平均降水量在 400～1 600 mm，90% 以上的区域降水量都在 1 000 mm 以上。但受焚风效应的影响，汶川县和茂县部分干热河谷地区降水极少，多年平均降水量不到 500 mm，而蒸发量却是降水量的 3 倍。研究区地质较复杂，出露地层从上至下以寒武—泥盆系砂岩、千枚岩和前震系花岗岩、黄岗闪长岩侵入岩体及泥盆至侏罗系砂页岩和灰岩等为主。研究区东南平原到西北山区土壤分布为水稻土、紫色土、棕壤、黄棕壤、褐土、棕色针叶林土。在北川县、青川县分布有石灰土，青川县还分布有黄褐土。研究区植被因地势、气候等因素的影响，植物垂直性带谱明显。海拔 1 000 m 以下气候温暖，植被主要由山茶科、山矾科、山毛榉科、樟科、木兰科等常绿树种组成；海拔 1 000～3 000 m 气候温凉湿润、温差大、多雾，植被主要有暗针叶林和硬叶常绿阔叶林；海拔 3 000～3 500 m 生境寒凉，植被多为针叶混交林，以云杉、冷杉、高山柏为主；海拔 3 500 m 以上气候极其寒冷，土壤稀薄，植被多为禾本科、莎草科组成的高山灌丛草甸。

3.4.2　数据集及作用

研究区分布范围广，宜选择中低分辨率的遥感数据。长时间序列的MODIS 数据常用于监测大尺度植被及土地覆盖动态变化[205-211]。同时，为分析恢复力的空间影响因素以及验证评价的结果，也收集了其他分辨率较高的影像、地面调查数据、基础地理信息数据以及专题数据。数据集汇总及作用见表 3-3，原始数据总条目为 657 期（景）。

表 3-3　汶川灾区生态恢复力评价数据源

数据名称	数据解释	分辨率/ 比例尺	年时间 尺度	月时间 尺度	总数 （期/景）	作用
汶川灾区 MOD13Q1	EVI	250 m	2000— 2016 年	5—8 月	136	计算植被 覆盖度
集集地震 灾区 MOD13Q1	EVI	250 m	2000— 2016 年	9 月	34	恢复力评价 对比和验证
MOD15A2	LAI	1 000 m	2000— 2016 年	5—8 月	255	计算水源涵养 功能
MOD12Q1	土地覆盖	500 m	2000— 2016 年	—	17	计算水土保持 功能和水源 涵养功能

数据名称	数据解释	分辨率/比例尺	年时间尺度	月时间尺度	总数（期/景）	作用
Landsat 卫星数据	高分影像	30 m	2007 年，2008 年	—	4	受损区识别验证
DEM 数据	高程数据	30 m	2007 年，2009 年	—	2	计算水土保持功能，分析恢复力空间差异性
Landuse 数据	土地利用	1：1 万	2010 年	—	1	分析恢复力空间差异性
地质灾害调查点位	滑坡点分布	4 751 个	2008 年	—	1	受损区识别验证
土壤类型数据	土壤发生分类	1：100 万	2000 年	—	1	计算水土保持功能，分析恢复力空间差异性
中国地面降水月值 0.5°×0.5° 格点数据集	月平均降水量	根据全国 2 472 个站点插值	2000—2016 年	1—12 月	204	计算水土保持功能，分析恢复力空间差异性
蒸发量分布数据	多年平均蒸发量	根据研究区 20 个点位空间插值而成	—	—	1	分析恢复力空间差异性
地质岩性数据	岩石类型	1：50 万	2005 年	—	1	分析恢复力空间差异性

3.4.3　数据介绍及展示

（1）MOD13Q1 数据：MOD13Q1 是搭载在 TERRA 卫星上 MODIS 传感器生成的植被指数三级产品专题数据，投影方式为 Sinusoidal，空间分辨率为 250 m，重获周期为 16 天。MOD13Q1 数据包括 NDVI 和 EVI 两种数据。数据 MOD13Q1 的年时间跨度为 2000—2016 年，月时间跨度为 5—

8 月，共 136 期。数据来源：美国地质调查局网站（http://ladsweb.nascom.
nasa.gov/data/search.html）。图 3-1 显示了 2008 年 8 期 EVI 数据。此外还
收集了台湾集集地震灾区 MOD13Q1 数据，年时间跨度为 2000—2016 年，
月时间跨度为 9 月，共 34 期，用于恢复力评价的对比和验证。

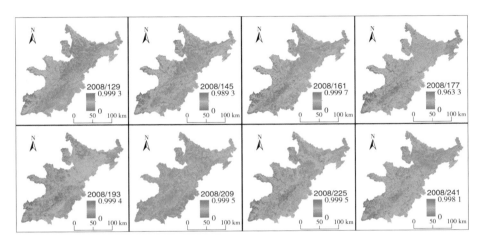

图 3-1　2008 年 8 期 EVI 数据

（2）MOD15A2 数据：MOD15A2 为 MODIS 传感器生成的叶面积指
数和光合有效辐射 3 级产品数据，空间分辨率为 1 km，重获周期为 8 天。
选择 2000—2016 年，5—8 月 的 数 据，每 年 15 期，共 255 期。数 据 来
源：美国地质调查局网站（http://ladsweb.nascom.nasa.gov/data/search.html）
图 3-2 显示了 2008 年 15 期 LAI 数据。

（3）MOD12Q1 数据：MOD12Q1 为土地覆盖和土地覆盖变化数据
3 级产品数据，空间分辨率为 500 m。选择 2000—2016 年合成数据，共
17 期（图 3-3）。数据来源：美国地质调查局网站（http://ladsweb.nascom.
nasa.gov/data/search.html）。

（4）Landsat 卫星数据：Landsat TM images（2007/9/18，2008/7/19，path/
row：130/38），以及 Landsat ETM images（2007/5/7，2008/10/24，path/row：
129/38，图 3-4）。

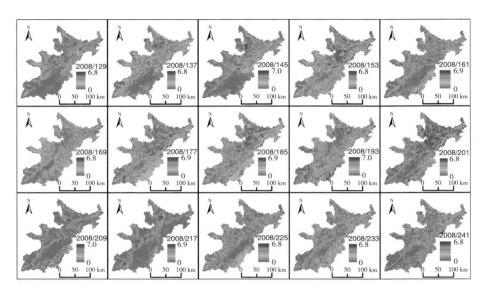

图 3-2　2008 年 15 期 LAI 数据

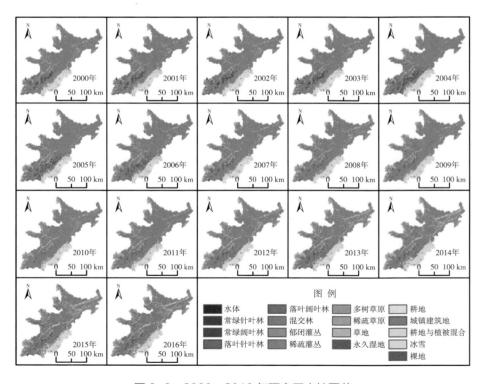

图 3-3　2000—2016 年研究区土地覆盖

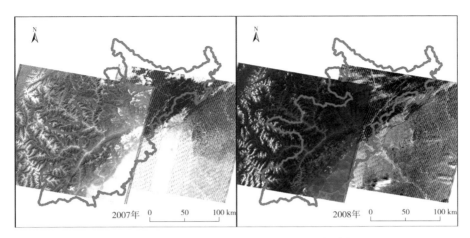

图 3-4　灾前、灾后 Landsat 遥感影像对比

（5）地质灾害地面调查数据：地震发生后不久，由原国土资源部组织地质专家野外调查后获取的点位数据，共 4 751 个点位（图 3-5）。

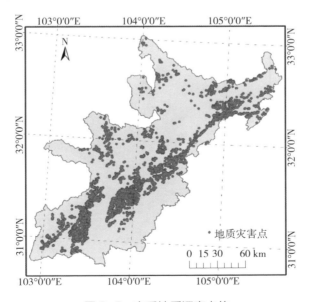

图 3-5　灾后地质调查点位

（6）DEM 数据：采用全球公开发布的 ASTER GDEM 数据，空间分辨率为 30 m，包括灾前和灾后的两期数据，灾后数据形成时间为 2009 年（图 3-6）。数据来源：中国科学院地理空间云数据。

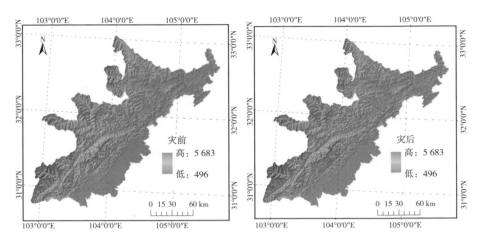

图 3-6　研究区灾前、灾后 DEM 对比

（7）Landuse 数据：第二次全国土地调查数据，比例尺 1∶1 万（图 3-7）。数据来源：原国土资源部。

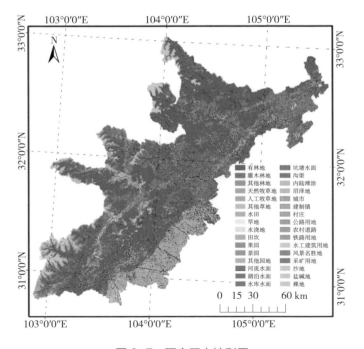

图 3-7　研究区土地利用

（8）土壤类型数据：比例尺 1∶100 万（图 3-8），数据来源：中国土壤数据库。

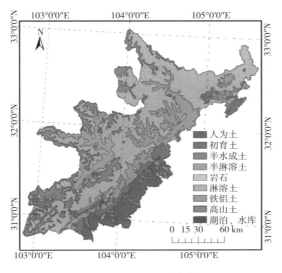

图 3-8　研究区土壤类型

（9）蒸发量分布数据：根据 20 个点位多年统计的蒸发量数据空间插值而成（图 3-9）。数据来源：查阅相关资料文献。

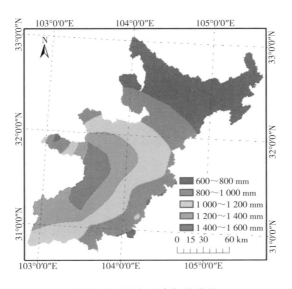

图 3-9　研究区多年蒸发量

（10）地质岩性数据：比例尺 1：50 万（图 3-10），数据来源：中国地质调查局网站。

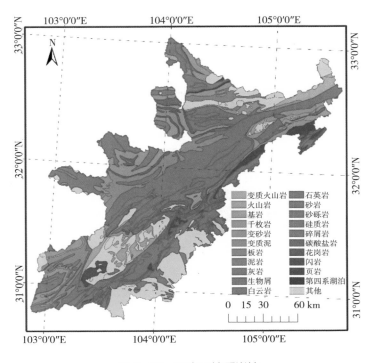

图 3-10　研究区地质岩性

（11）中国地面降水月值 0.5°×0.5° 格点数据集（V2.0）：基于中国地面 2 472 个台站降水资料，利用 ANUSPLIN 软件的薄盘样条法（Thin Plate Spline，TPS）进行空间插值，产生的水平分辨率 0.5°×0.5° 的中国降水月值格点数据。年时相为 2000—2016 年，月时相为 1—12 月，共 204 期。数据来源：中国气象局，国家气象数据共享网。图 3-11 显示了 2008 年 1—12 月研究区降水量分布情况。

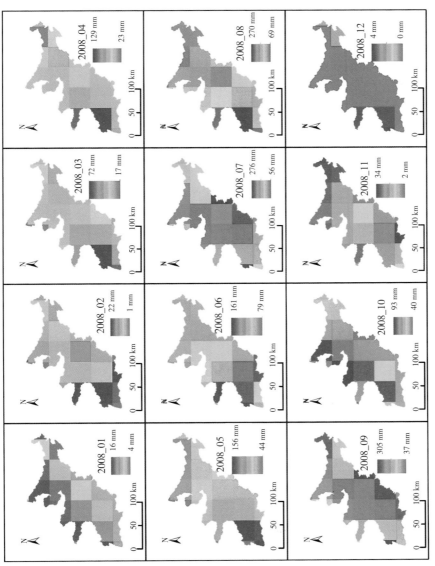

图 3-11　2008 年 1—12 月降水分布

3.5 汶川地震灾害生态恢复力评价指标

汶川地震及次生地质灾害带来了极大的植被破坏，本书以植被作为恢复力的代表性属性（surrogate），重点关注植被恢复及由此带来的生态功能恢复的情况，以植被及其生态功能恢复力为最终评价目标。

汶川灾区生态恢复力评价指标可从受损生态系统生态恢复通用指标体系中（表 3-2）选择，选取过程遵循可操作性、主导功能的原则。

可操作性原则：指所选取的指标容易获取，且便于计算恢复时间。本书选择能获取长时间序列数据的指标开展恢复力评价。

主导功能原则：汶川灾区有三大主要功能，即水土保持、水源涵养和生物多样性保护功能，其中水土保持和水源涵养与防灾减灾密切相关。本书选择此两大功能开展恢复力评价。

汶川灾区受损生态系统恢复力评价指标如表 3-4 所示。面积方面用维持性受损生态系统面积及空间分布特征表示。维持性受损生态系统是指与上年度相比没有恢复的受损系统。面积恢复力用维持性受损面积缩小 95%的时间来计算。结构方面用植被覆盖度表示，以植被指数随时间的变化来评价生态系统结构动态特征。结构恢复力用植被覆盖度稳定达到或超过灾前水平的时间来表示。功能方面用水土保持和水源涵养功能表示，其中水土保持功能用土壤侵蚀模数来计算，水源涵养用林冠截留量来计算。水土保持功能和水源涵养功能恢复力分别用土壤侵蚀模数稳定降低至灾前水平的时间，以及林冠截留量稳定达到或超过灾前水平的时间来表示。

表 3-4　汶川灾区恢复力评价指标体系

生态属性	代表性属性	主要表征方式	恢复力表示
受损生态系统面积	受损生态系统面积、分布	面积	受损面积缩小 95% 的时间
受损生态系统结构	受损生态系统植被覆盖度	植被指数	植被指数稳定达到或超过灾前水平的时间

续表

生态属性	代表性属性	主要表征方式	恢复力表示
受损生态系统功能	水土保持能力	土壤侵蚀模数	土壤侵蚀模数稳定降低至灾前水平的时间
	水源涵养能力	林冠截留量	冠层截留量稳定达到或超过灾前水平的时间

3.6　拟合修正法技术思路

3.6.1　年际相对校正

灾后的生态恢复不仅受生态恢复力固有属性的影响，也受气候、太阳辐射等自然因素的影响。为剔除降水、温度、太阳高度等因素所导致的生态系统年际动态变化，单纯体现生态恢复力这一固有属性所带来的动态变化，需要对年际间的生态系统参数开展相对校正。本书以 EVI 为例说明相对校正过程和方法。

常用的相对辐射校正方法有直方图匹配法、线性相关法、小波变换法等 [212,213]。直方图匹配法会导致不同年份 EVI 平均值相同，不利于后期评价生态恢复总体状况。小波变换法的程序为：首先对参考图像和源图像分别实施小波变换，然后保持源图像的高频成分不变，对低频成分采用线性相关等方法实施辐射变换，最后重构得到辐射校正图像 [214,215]。研究区的高频成分为森林生态系统，地震破坏了大量的森林生态系统，使 EVI 的高频成分向低频成分转移，若采用小波变换开展相对校正会导致评价结果显著失真。

本书采用线性相关法进行相对辐射校正。线性相关法中样本的选择有两种：一种是将伪不变像元作为样本，又称 PIF（Pseudo-invariant feature）法，另一种是将全部图像像元作为样本，又称 IR（Image Regression）法。本书采用 PIF 法筛选线性校正样本。伪不变样本定义为"理论上"EVI 值年际差异小，而"实际上"年际差异大的像元。同时，伪不变样本 EVI 应具备阶梯性，即包含高频成分也包含低频成分。

本书采用如下步骤筛选伪不变样本：① 将 2000—2016 年的 EVI 都按 0.1 划分为 10 个等级，并按 EVI 从小到大的等级顺序编号（如 1 表示 0~0.1，2 表示 0.1~0.2，10 表示 0.9~1.0）。② 分别统计每个像元 EVI 等级出现的次数（如某像元在 2000—2016 年 17 年中，等级为 1 出现了 10 次，等级为 2 出现了 7 次）。③ 如果某像元在其中 9 个年度都维持在某一等级，即维持概率为 52.9%，则将该像元筛选出来作为伪不变样本。选择 9 年作为阈值，是因为 EVI 等级维持概率刚好超过 50% 的像元，既具备伪不变样本的理论特征（理论年际差距较小），又具备伪不变样本的实际特征（约 50% 的年份因某种因素导致出现等级变化）。④ 2008 年以后，伪不变样本中可能会出现一些噪点。例如，某像元 EVI 值在 2000—2007 年不存在维持统一等级的现象，但由于地震的影响，使得 2008—2016 年 9 年间 EVI 值保持在同一等级，这就可能导致该像元被误筛选为伪不变样本。因此应将噪点像元从伪不变样本种子库中删除。最后以某年度的伪不变样本 EVI 值为 Y 轴，其余年份 EVI 值为 X 轴，建立相对校正线性回归方程。

3.6.2 "复原"的识别方法

根据恢复力的定义，如何识别系统的结构和功能稳定达到或稳定超过灾前水平是恢复力评价的关键。"绝对恢复率"（absolute recovery rate）常被用于评估植被覆盖是否达到或超过灾前水平［式（3-1），以 EVI 为例］[183,185,216]。

$$RR_t = (EVI_t - EVI_{2008}) / (\overline{EVI_{be}} - EVI_{2008}),(t \geqslant 2009) \qquad （3-1）$$

对于受损生态系统来说，地震早期阶段恢复速率较快，在 1~2 年的时间内某些像元的恢复率可以从 0 直接跃升为 100%。因此，如果用"绝对恢复率"来拟合植被随时间的变化可能导致严重的误差[217]，故而，我们使用"相对恢复率"（relative recovery rate）[式（3-2），以 EVI 为例]评估植被是否恢复到灾前水平。

$$RR'_t = EVI_t / \overline{EVI_{be}}, (t \geq 2009) \tag{3-2}$$

式中，RR'_t 表示灾后 t 年的恢复率。当 $RR_t \geq 1$，植被达到或超过灾前水平；当 $0 \leq RR_t < 1$，植被未达到灾前水平。

3.6.3　恢复力拟合

恢复力用恢复的时间间隔 T 来表示[式（3-3）]，t' 表示稳定实现 $RR_t \geq 1$ 的时间点。本书之所以采用 RR 来评估每个像元植被恢复趋势，是考虑计算恢复时间的方便，即所有像元 RR 返回 1 的时间，而不是计算每个像元返回各自灾前 EVI 的时间。

$$T = t' - 2008 \tag{3-3}$$

复原时间点 t' 的计算包含两种情景。

情景一，2009—2016 年，连续两年或以上出现 $RR_t \geq 1$，则表示在 2016 年之前受损像元已经恢复到灾前状态，复原时间计算方法见式（3-4）。

$$当 RR_t = 1 \& RR_{t+1} = 1，则 \ t' = t \tag{3-4}$$

情景二，2009—2016 年，未出现连续两年或以上时段 $RR_t \geq 1$ 时，复原时间用拟合法来计算。拟合法预先考虑线性法、指数衰减法、对数增长法等，主要取决于维持受损面积、植被覆盖度、土壤侵蚀模数、林冠截留量在灾后的动态变化特征，该特征可以通过"高频"样本的统计分析得到。假设受损生态系统面积和土壤侵蚀模数在灾后随时间逐渐降低，而植被覆盖度、林冠截流量在灾后随时间逐渐升高，且根据"临界减速"现象，当快到达复原时间点 t' 时，下降或上升的速率降低，因此可以初步考虑维持受损面积、土壤侵蚀模数用指数衰减法拟合（图 3-12），而植被覆盖度、林冠截流量采用对数增长方程拟合（图 3-13）。在实际操作过程中，拟合方程是通过"高频"样本的统计分析得到的。"高频"样本定义为以正态分布波峰为中心向两端各扩展 40% 的区间样本（即样本占总体的 80%）。每个年度都存在高频样本区间，将各年度的高频样本叠加，取重合样本，作为拟合方程的统计样本。

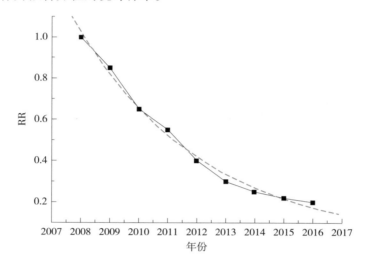

图 3-12　指数衰减示意

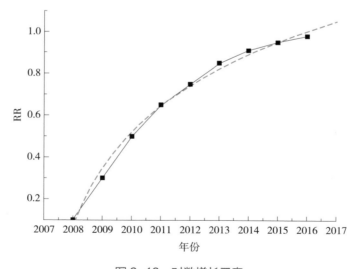

图 3-13　对数增长示意

（1）指数衰减拟合方程

指数衰减的拟合函数见式（3-5）。维持受损面积复原时间 t' 的计算方法见式（3-6），土壤侵蚀模数复原时间 t' 的计算方法见式（3-7）。

$$RR = RR_0 + A e^{-(t-t_0)/t} \qquad (3\text{-}5)$$

令 RR=5%×RR_{2008}（受损面积减少 95%），则

$$t' = t_0 - \tau \times \ln \frac{5\% \times RR_{2008} - RR_0}{A} \qquad (3\text{-}6)$$

令 RR=1（复原到灾前水平），则

$$t' = t_0 - \tau \times \ln \frac{1 - RR_0}{A} \qquad (3\text{-}7)$$

（2）对数增长拟合方程

对数增长的拟合函数见式（3-8）。复原时间 t' 的计算方法见式（3-9）。

$$RR = b \times \ln(t - a) \qquad (3\text{-}8)$$

令 RR=1，则

$$t' = e^{1/b} + a \qquad (3\text{-}9)$$

3.6.4　恢复的维持率

受损生态系统的不稳定性以及变化的随机性，决定着灾后演替过程可能是波动恢复而非持续恢复。所谓的持续恢复，是指与上年度相比呈现恢复，且这种情况每年均出现。分别评价灾后两个相邻年度的恢复趋势，获取 8 个时间段的恢复趋势（2008—2009 年、2009—2010 年、2010—2011 年、2011—2012 年、2012—2013 年、2013—2014 年、2014—2015 年、2015—2016 年）。若 8 个时间段均呈现恢复，则恢复的维持率为 100%；若 7 个时间段呈现恢复，则恢复的维持率为 7/8=87.5%，以此类推，可知恢复维持率的计算公式为

$$恢复维持率 = 恢复时间段数 / 总时间段数 \qquad (3\text{-}10)$$

3.6.5　恢复力校正

拟合的恢复力只表示 RR=1 的随机时间，而不能表示 RR=1 的维持时间，即持续稳定恢复到灾前水平的时间。因此，拟合恢复力需通过恢复

的维持率进行校正，以获取最终的恢复力，计算方法见式（3-11）。式中ROUNDUP 表示向上取整（拟合的恢复力包含小数，通过向上取整获取恢复的年度）。

$$T_{校正}=\text{ROUNDUP}（T_{拟合}/恢复维持率）\qquad（3\text{-}11）$$

3.6.6　恢复力的误差评价

高频样本所确定的拟合方程，并不完全适用于每一个像元，拟合的恢复力必然存在一定程度的误差。由于像元数量较多，无法逐一核实拟合的精度，本书采取分区评价方式评估恢复力拟合的精度。首先，根据空间分布特征或地理分异规律，将受损生态系统划归为不同的区域或流域。其次，统计各区域或流域每个年度的 RR 平均值，建立 RR 平均值随时间的变化关系，通过拟合方式获取 RR 平均值的恢复力。最后，统计各区域或流域每个像元恢复力的平均值。对比各区域或流域 RR 平均值的恢复力与像元恢复力的平均值，若二者相差不大，则表明整体上恢复力拟合的精度较高。统计各区域或流域差值的最大绝对值，可作为恢复力拟合的误差，见式（3-12）。

$$\delta = \pm\max\bigcup_{x=1}^{n}\left|T_{\overline{RR}_x} - \overline{T}_{x_i}\right|\qquad（3\text{-}12）$$

3.6.7　恢复力评价技术流程

生态恢复力评价的技术流程如图 3-14 所示，细分为 13 个步骤。第一步计算长时间序列生态恢复指标参数，如 EVI、土壤侵蚀模数、林冠截留量。第二步开展 EVI 年际相对校正，去除气候等因素带来的年际变化影响。第三步根据 EVI 灾前、灾后的变化特征提取受损生态系统，并按区域或流域进行划分。第四步计算灾前受损像元生态恢复指标的平均值（2000—2007 年平均值）。第五步计算灾后受损像元各年度的相对恢复率（RR）。第六步识别受损像元是否在 2016 年之前完成恢复（连续两年以上实现 RR≥1），对已恢复的像元，将初次出现 RR≥1 的年度作为恢复的时间点，以此直接计算恢复力。第七步提取 RR 高频统计样本，分析高

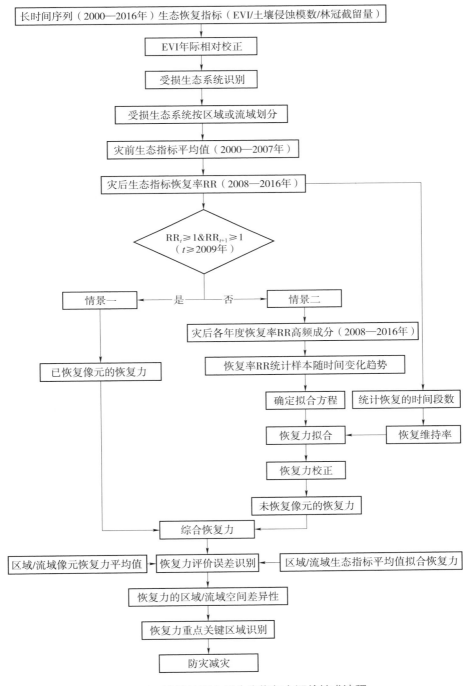

图 3-14　汶川地震灾后生态恢复力评价技术流程

频样本随时间的变化关系，确定拟合方程。第八步针对未恢复的像元，开展 RR 随时间的关系拟合，计算 RR=1 的拟合时间。第九步统计像元灾后恢复的时间段，计算恢复维持率。第十步以恢复维持率对拟合恢复力进行校正，获取未恢复像元恢复力。第十一步综合已恢复和未恢复的像元恢复力，获取整体恢复力。第十二步通过对比各区域或流域平均值的拟合恢复力与像元恢复力平均值的差距，获取恢复力评价的误差。第十三步对比分析受损面积、植被覆盖度、水土保持功能、水源涵养功能恢复力，获取区域或流域受损生态系统全面恢复时间，分析恢复力区域或流域的空间差异性，识别未来生态恢复的重点关键区。

第 4 章

拟合修正法评估汶川地震
生态恢复力结果

4.1　植被覆盖恢复力拟合

4.1.1　灾后高频成分 EVI 演替趋势

以 0.02 为一个等级，将 EVI 的取值划分为 50 个区间，分析灾后每个年度的 EVI 正态分布特征。以像元数量占比 80% 为阈值，提取每个年度的高频成分，将各年度高频成分进行叠加，取重合的像元作为植被覆盖恢复趋势的统计样本。在 19 937 个受损像元中，重合的高频样本的像元数为 13 658 个，占受损总数的 68.5%。绘制每个样本的 EVI 年际变化散点图，由于样本数量较多，每个年度的散点集合成竖直线（图 4-1）。虽然个别年份 EVI 有小幅度下降趋势，但整体上 EVI 呈现逐渐上升趋势，年际间上升的幅度越来越小，比较符合对数增长曲线方程，见式（4-1）。年际 EVI 的最小值、平均值、最大值对数拟合曲线见图 4-1，判断系数约为 0.94，表明受损区植被呈现较为明显的对数增长趋势。按相同的方式，以相对恢复率（RR）正态分布特征筛选统计样本。样本的像元总数为 14 265，占受损总数的 71.5%。年际 RR 的最小值、平均值、最大值对数拟合曲线如图 4-2 所示，判断系数约为 0.93，再次表明受损区植被呈现较为明显的对数增长恢复趋势。

$$y = b \times \ln(x - a) \tag{4-1}$$

表 4-1　植被覆盖度高频成分对数拟合方程

EVI 拟合	a	b	R^2	RR 拟合	a	b	R^2
最小值	2 003.218	1 547.405	0.932 7	最小值	2 003.364	0.271 7	0.927 81
平均值	2 003.177	2 224.662	0.945 33	平均值	2 003.059	0.385 2	0.939 1
最大值	2 003.199	2 866.368	0.932 67	最大值	2 003.26	0.499 12	0.932 2

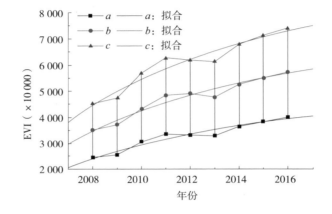

图 4-1　植被覆盖度高频成分 EVI 拟合

（a：最小值，b：平均值，c：最大值）

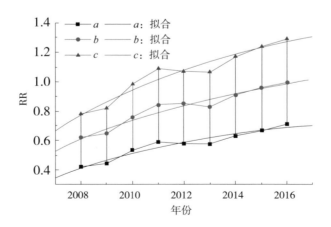

图 4-2　植被覆盖度高频成分 RR 拟合

（a：最小值，b：平均值，c：最大值）

4.1.2　植被覆盖度恢复的维持率

考虑到 2008—2016 年每个像元并非持续恢复，所以拟合的恢复时间必须通过恢复维持率加以修正，以获取最终的恢复力结果。

为便于统计恢复时间段数并计算恢复维持率，相邻年度 EVI 两两对比时按照以下方式赋值：当本年度的 EVI 值大于上年度 EVI 值时赋值为 1，相等时赋值为 0，小于时赋值为 –1。统计每个像元出现 1 的次数，除以总时间段数（8 个）则为恢复维持率（图 4-3）。在 19 937 个受损像元中，8 个时间段均呈现 EVI 增长（恢复维持率 =100%）的像元数量为 29 个，占 0.15%；7 个时间段呈现 EVI 增长（恢复维持率 =87.5%）的像元数量为 781 个，占 3.92%；6 个时间段呈现 EVI 增长（恢复维持率 =75%）的像元数量为 4 185 个，占 20.99%；5 个时间段呈现 EVI 增长（恢复维持率 =62.5%）的像元数量为 8 352 个，占 41.89%；4 个时间段呈现 EVI 增长（恢复维持率 =50%）的像元数量为 5 444 个，占 27.31%；恢复维持率小于50% 的像元数量为 1 146 个，占 4.75%。恢复维持率表明大部分受损像元呈现恢复趋势。

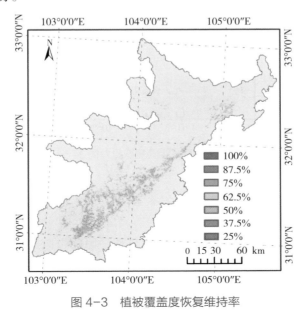

图 4-3　植被覆盖度恢复维持率

4.1.3 像元植被覆盖恢复力拟合

统计每个像元2000—2007年的EVI平均值，并计算灾后逐年相对恢复率。按照3.6.3所述的两种情景计算恢复时间。情景一，在2009—2016年，当连续两年及以上相对恢复率达到或超过1，则表示该像元植被覆盖已完成恢复，将首次出现相对恢复率达到或超过1的时间作为恢复力（图4-4）。情景二，在2009—2016年，未出现连续两年及以上相对恢复率达到或超过1，则该像元通过拟合的方式求解恢复力，拟合方程为对数函数（图4-5）。

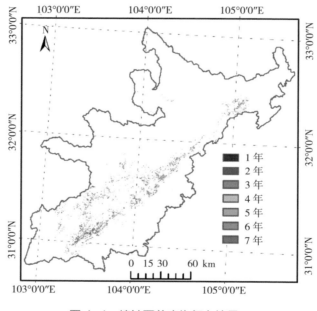

图 4-4　植被覆盖度恢复力情景一

合并情景一和情景二的恢复力，得到整体植被覆盖恢复力（图4-6）。受损像元的平均恢复时间为13年，恢复力呈现空间差异性。恢复力较好的区域分布在青川县，以及龙门山脉与成都平原的过渡山区；恢复力适中区域分布在岷江流域；恢复力较差的区域分布在彭州、什邡、绵竹、安州区西北山区。

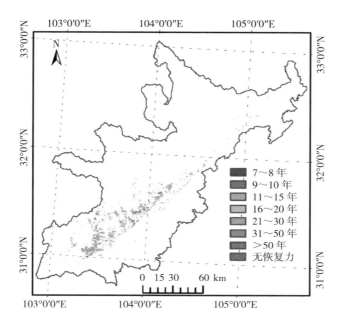

图 4-5　植被覆盖度恢复力情景二

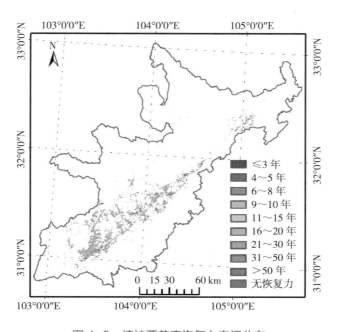

图 4-6　植被覆盖度恢复力空间分布

19 937 个受损像元中，恢复时间为负值的像元数量为 53 个（植被覆盖退化，无恢复力），占 0.27%，面积为 2.84 km²（表 4-2）；在 1 年内恢复的像元数量为 248 个，占 1.24%，面积为 13.31 km²；3 年内恢复的像元数量为 2 200 个，占 11.03%，面积为 118.06 km²；5 年内恢复的像元数量为 3 596 个，占 18.03%，面积为 192.98 km²；8 年内恢复的像元数量为 8 553 个（至 2016 年已经恢复的像元），占 42.89%，面积为 458.99 km²；10 年内恢复的像元数量为 9 426 个，占 47.27%，面积为 505.84 km²；20 年内恢复的像元数量为 16 622 个，占 83.36%，面积为 892.01 km²；30 年内恢复的像元数量为 18 798 个，占 94.27%，面积为 1 008.79 km²；大于 30 年恢复的像元数量为 1 086 个，占 5.44%，面积为 58.28 km²。截至 2016 年，已完成植被覆盖度恢复的受损像元不及 50%，且仍有 0.27% 的像元在灾后呈现进一步恶化趋势；预期 20 年内，超过 80% 的受损像元植被覆盖度得以恢复；30 年内，超过 90% 的受损像元植被覆盖度得以恢复。

表 4-2　像元植被覆盖度恢复力统计

阶段分类	像元数量 / 个	比例 / %	面积 / km²	累计分类	像元数量 / 个	比例 / %	面积 / km²
<0 年	53	0.27	2.84	退化	53	0.27	2.84
1 年	248	1.24	13.31	1 年内	248	1.24	13.31
2～3 年	1 952	9.79	104.75	3 年内	2 200	11.03	118.06
4～5 年	1 396	7.00	74.92	5 年内	3 596	18.03	192.98
6～8 年	4 957	24.86	266.02	8 年内	8 553	42.89	458.99
9～10 年	873	4.38	46.85	10 年内	9 426	47.27	505.84
11～13 年	2 483	12.45	133.25	13 年内	11 909	59.72	639.09
14～17 年	3 166	15.88	169.90	17 年内	15 075	75.60	808.99
18～20 年	1 547	7.76	83.02	20 年内	16 622	83.36	892.01
21～30 年	2 176	10.91	116.77	30 年内	18 798	94.27	1 008.79
31～50 年	806	4.04	43.25	50 年内	19 604	98.31	1 052.04
>50 年	280	1.40	15.03	>50 年	280	1.40	15.03

4.1.4　植被覆盖恢复力误差评价

分别以受损生态系统整体和 10 个流域为研究对象，对比分析各流域植被覆盖恢复率 RR 平均值的拟合恢复力，以及像元恢复力的平均值，计算植被覆盖度恢复力评估的误差。由表 4-3 可知，两种方式下计算得到各区域受损系统植被覆盖恢复力差异较小，最小误差为 0 年，最大误差为 2 年。

表 4-3　植被覆盖恢复力评价误差分析

范围	a	b	R^2	RR 平均值拟合恢复力			像元恢复力平均值 / 年	误差
				拟合恢复力	维持率 / %	校正恢复力 / 年		
整体	2 003.2	0.386	0.93	10.7	87.5	13	13	0
岷江干热河谷流域	2 003.6	0.388	0.88	13.2	100	14	14	0
岷江草坡河流域	2 001.4	0.377	0.83	9.2	100	10	11	1
岷江茂县段流域	2 001.0	0.377	0.88	9.1	75	13	12	−1
汶川鱼子溪流域	2 004.2	0.392	0.91	9.0	75	12	13	1
都江堰龙池河流域	2 003.1	0.394	0.74	7.8	62.5	13	13	0
彭州湔江流域	2 003.1	0.394	0.74	12.6	75	17	18	1
石亭江流域	2 003.8	0.350	0.81	13.3	75	18	20	2
绵远河流域	2 003.1	0.382	0.87	8.7	62.5	14	15	1
涪江上游流域	2 002.4	0.40	0.82	6.4	75	9	10	1
白龙江流域	2 000.3	0.40	0.86	4.6	75	7	7	0

4.2 水土保持功能恢复力评价

4.2.1 灾后高频成分土壤侵蚀模数演变趋势

2008—2016 年，像元土壤侵蚀模数最小取值为 0，最大取值为 46 265 t/a，平均值约为 4 000 t/a。以 500 为一个等级，将土壤侵蚀模数的取值划分为 90 个区间，分析灾后每个年度的土壤侵蚀模数正态分布特征。以像元数量占比 80% 为阈值，提取了每个年度的高频成分。将各年度高频成分进行叠加，取重合的像元作为水土保持功能恢复趋势的统计样本。在 19 938 个受损像元中，重合的高频样本的像元总数为 10 425 个，占受损总数的 52.3%。绘制每个样本的土壤侵蚀模数年际变化散点图，由于样本数量较多，每个年度的散点集合成竖直线（图 4-7）。整体上，灾后土壤侵蚀模数经历了从上升到下降的过程，比较符合抛物线曲线方程，见式 4-2。年际土壤侵蚀模数的最小值、平均值、最大值多项式拟合曲线见图 4-7，判断系数约为 0.83，表明受损区水土保持功能呈现较为明显的抛物线增长趋势。按相同的方式，以土壤侵蚀恢复率 RR 正态分布特征筛选统计样本。样本的像元总数为 12 265 个，占受损总数的 61.5%。年际 RR 的最小值、平均值、最大值对数拟合曲线见图 4-8，判断系数约为 0.80，再次表明受损区土壤侵蚀模数呈现较为明显的抛物线恢复趋势。

$$y = A + Bx + Cx^2 \tag{4-2}$$

表 4-4 土壤侵蚀模数高频成分二次多项式拟合参数

土壤侵蚀模数拟合	$A \times 10^7$	$B \times 10^4$	C	R^2	RR 拟合	$A \times 10^4$	B	$C \times 10^{-3}$	R^2
最小值	−5.696	5.66	−14.07	0.83	最小值	−1.51	15.04	−3.74	0.79
平均值	−9.066	9.01	−22.39	0.82	平均值	−2.08	20.67	−5.14	0.80
最大值	−12.379	12.3	−30.58	0.84	最大值	−2.65	26.29	−6.53	0.80

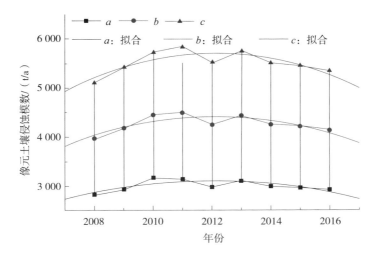

图 4-7　土壤侵蚀模数高频成分拟合

（**a**：最小值，**b**：平均值，**c**：最大值）

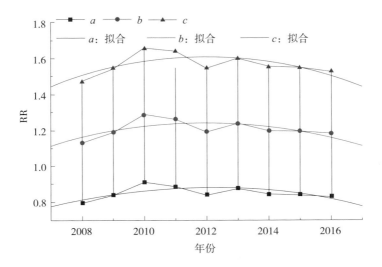

图 4-8　土壤侵蚀模数恢复率高频成分拟合

（**a**：最小值，**b**：平均值，**c**：最大值）

4.2.2　水土保持恢复的维持率

考虑到 2008—2016 年每个像元水土保持功能并非一直持续恢复，拟合的恢复时间必须通过恢复维持率加以修正，以获取最终的恢复力结果。

为便于统计恢复时间段并计算恢复维持率，相邻年度土壤侵蚀模数两两对比时按照以下方式赋值：当本年度的土壤侵蚀模数小于上年度时赋值为 1，相等时赋值为 0，大于时赋值为 -1。统计每个像元出现 1 的次数，除以总时间段数（8 个）则为恢复维持率（图 4-9）。在 19 937 个受损像元中，8 个时间段均呈现土壤侵蚀模数下降（恢复维持率 =100%）的像元数量为 18 个，占 0.09%；7 个时间段呈现土壤侵蚀模数下降（恢复维持率 =87.5%）的像元数量为 601 个，占 3.01%；6 个时间段呈现土壤侵蚀模数下降（恢复维持率 =75%）的像元数量为 3 619 个，占 18.15%；5 个时间段呈现土壤侵蚀模数下降（恢复维持率 =62.5%）的像元数量为 7 786 个，

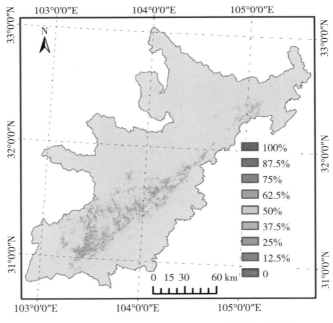

图 4-9　受损生态系统土壤保持功能恢复维持率

占 39.05%；4 个时间段呈现土壤侵蚀模数下降（恢复维持率 =50%）的像元数量为 6 111 个，占 30.65%；恢复维持率小于 50% 的像元数量为 1 802 个，占 9.04%。大部分像元的恢复维持率在 50%～75%。与 4.1.2 所计算的植被覆盖恢复维持率相比，水土保持的恢复维持率偏小。

4.2.3 像元水土保持恢复力拟合

统计每个像元 2000—2007 年的土壤侵蚀模数平均值，并计算灾后逐年相对恢复率。按照 3.6.3 所述的两种情景计算恢复时间。情景一，2009—2016 年，当连续两年及以上相对恢复率小于或等于 1 时，则表示该像元水土保持功能已完成恢复，将首次出现相对恢复率达到或超过 1 的时间作为恢复力（图 4-10）。情景二，在 2009—2016 年，未出现连续两年及以上相对恢复率小于或等于 1 时，则该像元通过拟合的方式求解恢复力，拟合方程为二次多项式（图 4-11）。

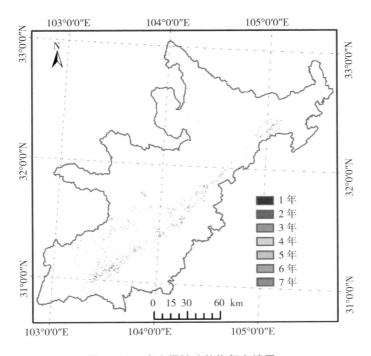

图 4-10 水土保持功能恢复力情景一

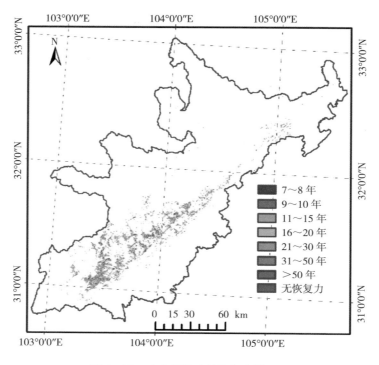

图 4-11　水土保持功能恢复力情景二

　　水土保持功能的恢复力显著低于植被覆盖度的恢复力。至 2016 年，水土保持功能恢复的像元比例较植被覆盖度恢复的像元比例低 15.9 个百分点，20 年内恢复的比例低 10.0 个百分点，30 年内恢复的比例低 7.17 个百分点。水土保持功能无恢复力的面积较植被覆盖度无恢复力的面积高 27.8 km²；水土保持功能恢复时间大于 30 年的面积较植被覆盖度恢复时间大于 30 年的面积高 55.1 km²。像元水土保持功能的平均恢复时间为 19 年，滞后植被覆盖度平均恢复时间 6 年（图 4-12、表 4-5）。

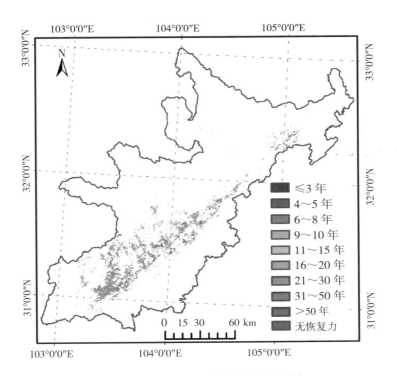

图 4-12 水土保持功能恢复力空间分布

表 4-5 像元水土保持功能恢复力统计

阶段分类	像元数量 / 个	比例 / %	面积 / km²	累计分类	像元数量 / 个	比例 / %	面积 /km²
＜0 年	459	2.30	24.63	退化	459	2.30	24.63
1 年	0	0.00	0.00	1 年内	0	0.00	0.00
2～3 年	850	4.26	45.61	3 年内	850	4.26	45.61
4～5 年	1 220	6.12	65.47	5 年内	2 070	10.38	111.09
6～8 年	3 306	16.58	177.42	8 年内	5 376	26.96	288.50
9～10 年	1 414	7.09	75.88	10 年内	6 790	34.06	364.38
11～13 年	2 768	13.88	148.54	13 年内	9 558	47.94	512.93
14～17 年	3 348	16.79	179.67	17 年内	12 906	64.73	692.60
18～20 年	1 722	8.64	92.41	20 年内	14 628	73.37	785.01
21～30 年	2 737	13.73	146.88	30 年内	17 365	87.10	931.89
31～50 年	1 356	6.80	72.77	50 年内	18 721	93.90	1 004.66
＞50 年	757	3.80	40.62	＞50 年	757	3.80	40.62

4.2.4 水土保持恢复力误差评价

分别以受损生态系统整体和 10 个流域为研究对象，对比分析各流域水土保持功能恢复率 RR 平均值，以及像元恢复力的平均值，计算水土保持功能恢复力评估的误差。由表 4-6 可知，两种方式下计算得到各区域受损系统水土保持恢复力最大误差为 3 年，最小误差为 0 年，表明采用多项式拟合各像元水土保持恢复力至少存在 0～3 年的误差。

表 4-6　水土保持功能恢复力评价误差分析

范围	$A \times 10^4$	B	$C \times 10^3$	R^2	RR 平均值拟合恢复力			像元恢复力平均值/年	误差
					拟合恢复力	维持率/%	校正恢复力/年		
整体	-2.63	26.17	-6.50	0.85	10.3	0.63	17	19	2
岷江干热河谷流域	-2.54	25.22	-6.27	0.81	12.2	0.63	20	22	2
岷江草坡河流域	0.65	-6.43	1.59	0.71	11.3	0.75	16	18	2
岷江茂县段流域	0.10	-0.93	0.23	0.65	14.3	0.75	20	22	2
汶川鱼子溪流域	-3.10	30.75	-7.64	0.88	10.2	0.50	21	20	-1
都江堰龙池河流域	-0.60	5.92	-1.47	0.52	9.6	0.50	20	17	-3
彭州湔江流域	-5.36	53.31	-13.24	0.83	10.6	0.50	22	22	0
石亭江流域	-5.92	58.87	-14.63	0.80	9.9	0.50	20	23	3
绵远河流域	-3.00	29.85	-7.42	0.61	10.1	0.63	17	18	1
涪江上游流域	-0.53	5.28	-1.31	0.68	6.1	0.50	13	13	0
白龙江流域	0.63	-6.29	1.56	0.62	6.0	0.63	10	9	-1

4.3　水源涵养功能恢复力评价

4.3.1　灾后高频成分林冠截留演变趋势

2008—2016 年，像元林冠截留的最小取值为 0，最大取值为 300 t。以 10 t 为一个等级，将林冠截留的取值划分为 30 个区间，分析灾后每个年度的林冠截留的正态分布特征。以像元数量占比 80% 为阈值，提取每个年度的高频成分将各年度高频成分进行叠加，取重合的像元作为植被恢复趋势的统计样本。在 19 938 个受损像元中，重合的高频样本的像元为 11 258 个，占受损总数的 56.5%。绘制每个样本的土壤侵蚀模数林冠截留年际变化散点图，由于样本数量较多，每个年度的散点集合成竖直线（图 4-13）。整体上，灾后林冠截留呈现逐年递增的态势，且递增的速度逐年降低，与植被覆盖度的演替相似，比较符合对数增长方式，见式（4-3）。年际林冠截留量的最小值、平均值、最大值对数增长拟合曲线见图 4-13，判断系数约为 0.89，表明受损区植被呈现较为明显的抛物线对数增长趋势。按相同的方式，以林冠截留 RR 正态分布特征筛选统计样本。样本的像元总数为 13 245 个，占受损总数的 66.4%。年际 RR 的最小值、平均值、最大值对数拟合曲线见图 4-14，判断系数约为 0.91，再次表明受损区土壤侵蚀模数呈现较为明显的对数增长趋势。

$$y = b \times \ln(x - a) \qquad (4\text{-}3)$$

表 4-7　林冠截留高频成分对数拟合方程

林冠截留拟合	a	b	R^2	RR 拟合	a	b	R^2
最小值	2 005.85	7.98	0.87	最小值	2 005.91	0.19	0.89
平均值	2 006.09	15.16	0.92	平均值	2 006.12	0.37	0.93
最大值	2 005.83	23.65	0.87	最大值	2 005.87	0.55	0.90

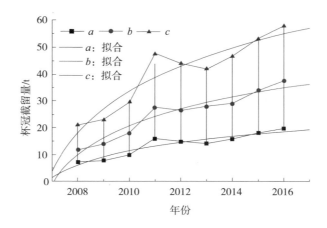

图 4-13　林冠截留高频成分拟合

（*a*：最小值，*b*：平均值，*c*：最大值）

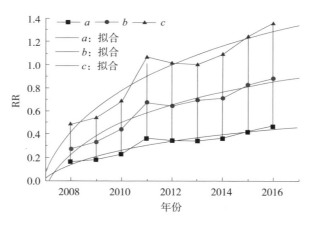

图 4-14　林冠截留恢复率高频成分拟合

（*a*：最小值，*b*：平均值，*c*：最大值）

4.3.2　水源涵养恢复的维持率

考虑到 2008—2016 年每个像元水源涵养功能并非一直持续恢复，拟合的恢复时间必须通过恢复维持率加以修正，以获取最终的恢复力结果。

为便于统计恢复时间段并计算恢复维持率，相邻年度林冠截留量两两对比时按照以下方式赋值：当本年度的林冠截留量值大于上年度时赋值为 1，相等时赋值为 0，小于时赋值为 -1。统计出现每个像元出现 1 的次数，除以总时间段（8 个）则为恢复维持率（图 4-15）。在 19 937 个受损像元中，8 个时间段均呈现林冠截留量下降（恢复维持率 =100%）的像元数量为 36 个，占 0.18%；7 个时间段呈现林冠截留量下降（恢复维持率 =87.5%）的像元数量为 874 个，占 4.38%；6 个时间段呈现林冠截留量下降（恢复维持率 =75%）的像元数量为 4 520 个，占 22.67%；5 个时间段呈现林冠截留量下降（恢复维持率 =62.5%）的像元数量为 7 942 个，占 39.84%；4 个时间段呈现林冠截留量下降（恢复维持率 =50%）的像元数量为 5 233 个，占 26.25%；恢复维持率小于 50% 的像元数量为 1 331 个，占 6.68%。大部分像元的恢复维持率在 50%～75%。

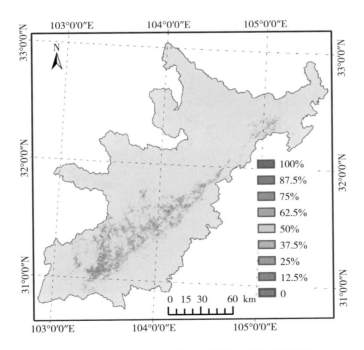

图 4-15   受损生态系统水源涵养功能恢复维持率

4.3.3　像元水源涵养恢复力拟合

统计每个像元 2000—2007 年的林冠截留量平均值，并计算灾后逐年相对恢复率。按照 3.6.3 所述的两种情景计算恢复时间。情景一，在 2009—2016 年，当连续两年及以上相对恢复率小大于或等于 1 时，则表示该像元水源涵养功能已完成恢复，将首次出现相对恢复率达到或超过 1 的时间作为恢复力（图 4-16）。情景二，在 2009—2016 年，未出现连续两年及以上相对恢复率小于或等于 1 时，则该像元通过拟合的方式求解恢复力，拟合方程为对数函数（图 4-17）。

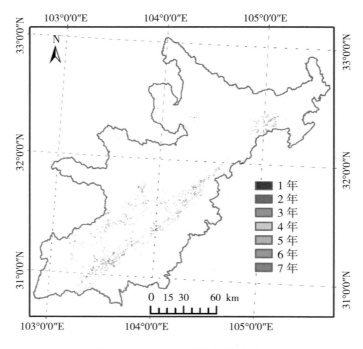

图 4-16　水源涵养恢复力情景一

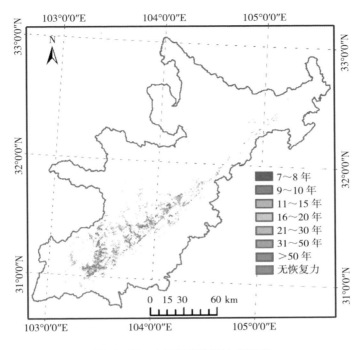

图 4-17　水源涵养恢复力情景二

　　合并情景一和情景二恢复力，得到整体水源涵养功能恢复力（图 4-18）。19 937 个受损像元中，恢复时间为负值的像元数量为 767 个（水源涵养功能退化，无恢复力），占 3.85%，面积为 41.16 km² （表 4-8）；在 1 年内恢复的像元数量为 85 个；3 年内恢复的像元数量为 1 020 个，占 5.12%，面积为 54.74 km²；5 年内恢复的像元数量为 1 932 个，占 9.69%，面积为 103.68 km²；8 年内（截至 2016 年）恢复的像元数量为 5 014 个，占 25.15%，面积为 269.07 km²；10 年内恢复的像元数量为 5 700 个，占 28.59%，面积为 305.89 km²；20 年内恢复的像元数量为 12 063 个，占 60.51%，面积为 647.36 km²；30 年内恢复的像元数量为 14 482 个，占 72.64%，面积为 777.17 km²。大于 30 年恢复的像元数量为 4 688 个，占 23.51%，面积为 251.6 km²。

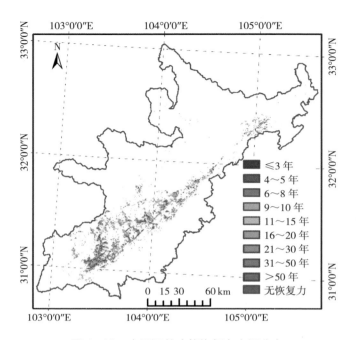

图 4-18　水源涵养功能恢复力空间分布

表 4-8　像元水源涵养功能恢复力统计

阶段 分类	像元 数量 / 个	比例 / %	面积 / km²	累计 分类	像元 数量 / 个	比例 / %	面积 / km²
<0 年	767	3.85	41.16	退化	767	3.85	41.16
1 年	85	0.43	4.56	1 年内	85	0.43	4.56
2～3 年	935	4.69	50.18	3 年内	1020	5.12	54.74
4～5 年	912	4.57	48.94	5 年内	1 932	9.69	103.68
6～8 年	3 082	15.46	165.39	8 年内	5 014	25.15	269.07
9～10 年	686	3.44	36.81	10 年内	5 700	28.59	305.89
11～13 年	1 960	9.83	105.18	13 年内	7 660	38.42	411.07
14～17 年	2 858	14.34	153.37	17 年内	10 518	52.76	564.44
18～20 年	1 545	7.75	82.91	20 年内	12 063	60.51	647.36
21～30 年	2 419	12.13	129.81	30 年内	14 482	72.64	777.17
31～50 年	1 692	8.49	90.80	50 年内	16 174	81.13	867.97
>50 年	2 996	15.03	160.78	>50 年	2 996	15.03	160.78

水源涵养功能的恢复力低于水土保持功能恢复力，更显著低于植被覆盖度的恢复力。截至 2016 年，水源涵养功能恢复的像元比例较水土保持功能低 1.54 个百分点，较植被覆盖度低 17.7 个百分点；20 年内恢复的比例较水土保持功能低 12.86 个百分点，较植被覆盖度低 22.85 个百分点；30 年内恢复的比例较水土保持功能低 21.26 个百分点，较植被覆盖度低 21.63 个百分点。水源涵养功能无恢复力的面积较水土保持功能多 16.53 km²，较植被覆盖度无恢复力面积多 38.3 km²；水源涵养功能恢复时间大于 30 年的面积较水土保持功能多 138.2 km²，较植被覆盖度多 193.3 km²。像元水源涵养功能的平均恢复时间为 22 年，滞后水土保持功能恢复时间 3 年；滞后植被覆盖度平均恢复时间 9 年。

4.3.4　水源涵养恢复力误差评价

分别以受损生态系统整体和 10 个流域为研究对象，对比分析各流域水源涵养功能恢复率 RR 平均值的拟合恢复力，以及像元恢复力的平均值，计算水源涵养功能恢复力评估的误差。由表 4-9 可知，两种方式下计算得到各区域受损系统水源涵养恢复力差异较小，最小误差为 1 年，最大误差为 3 年，表明采用对数拟合各像元水源涵养恢复力至少存在 1～3 年的误差。

表 4-9　水源涵养恢复力评价误差分析

范围	a	b	R^2	平均植被覆盖度恢复力			像元恢复力平均值/年	差异性
				拟合恢复力	维持率/%	校正恢复力/年		
整体	2 005.8	0.35	0.86	15.20	75.0	21	22	1
岷江干热河谷流域	2 006.1	0.32	0.93	22.75	87.5	26	28	2
岷江草坡河流域	2 004.6	0.33	0.90	15.11	75.0	21	19	−3

范围	a	b	R^2	平均植被覆盖度恢复力			像元恢复力平均值/年	差异性
				拟合恢复力	维持率/%	校正恢复力/年		
岷江茂县段流域	2 004.9	0.41	0.81	11.63	62.5	19	21	3
汶川鱼子溪流域	2 006.2	0.32	0.81	19.58	75.0	27	24	-3
都江堰龙池河流域	2 005.6	0.39	0.74	10.27	62.5	17	17	-1
彭州湔江流域	2 006.2	0.26	0.63	21.98	75.0	30	27	-3
石亭江流域	2 006.2	0.27	0.69	17.88	62.5	29	27	-2
绵远河流域	2 006.0	0.34	0.66	14.13	62.5	23	21	-2
涪江上游流域	2 005.8	0.45	0.85	7.19	75.0	10	12	2
白龙江流域	2 004.2	0.52	0.86	4.46	75.0	6	8	2

4.4 结论

4.4.1 灾区生态恢复趋势预测

受损生态系统植被覆盖度平均恢复时间为 13 年，水土保持功能平均恢复时间为 19 年，滞后植被覆盖度恢复时间 6 年，主要是由于水土保持功能出现了先下降后上升的过程；水源涵养功能平均恢复时间为 22 年，滞后水土保持功能恢复时间 3 年；水源涵养功能平均恢复时间最长，主要是因为其受损程度较高，地震使其平均降幅达到 68.5%（表 4-10）。

表 4-10　受损生态系统恢复力综合评价

指标	表征方式	灾前	2008 年	2016 年	已恢复的面积比例 /%	像元平均恢复时间 / 年	20 年内恢复的比例 /%
受损面积	受损面积（km²）	0	1 069.9	48.78	96.60	9	100
植被覆盖度	EVI	0.574	0.349	0.572	42.89	13	83.36
水土保持功能	土壤侵蚀模数（t/a）	3 582.5	3 935.7	4 173.51	26.96	19	73.37
水源涵养功能	林冠截留量（t/ 次）	45.08	14.19	38.61	25.15	22	60.51

　　预测 20 年内，植被覆盖度的恢复比例将达到 83.36%，水土保持功能的恢复比例将达到 73.37%，水源涵养功能的恢复比例将达到 60.51%；30 年内，植被覆盖度的恢复比例将达到 94.27%，水土保持功能的恢复比例将达到 87.1%，水源涵养功能的恢复比例将达到 72.64%。

　　综合植被覆盖度、水土保持和水源涵养功能的恢复力，预测各流域受损像元的平均恢复时间（表 4-11）。按受损区恢复时间由低到高，即恢复力由高到低排序为：白龙江流域（2017 年）＞涪江上游流域（2021 年）＞都江堰龙池河流域（2025 年）＞岷江草坡河流域（2026 年）＞绵远河流域（2029 年）＞汶川鱼子溪流域（2032 年）＞彭州湔江流域（2035 年）＞石亭江流域（2035 年）＞岷江干热河谷流域（2036 年）。

表 4-11　各流域受损生态系统综合恢复力对比

范围	植被覆盖度 / 年	水土保持 / 年	水源涵养功能 / 年	受损像元预计恢复时间
整体	13	19	22	2030 年
岷江干热河谷流域	14	22	28	2036 年
岷江草坡河流域	11	18	19	2026 年
岷江茂县段流域	12	22	21	2030 年

续表

范围	植被覆盖度 /年	水土保持 /年	水源涵养功能 / 年	受损像元预计恢复时间
汶川鱼子溪流域	13	20	24	2032 年
都江堰龙池河流域	13	17	17	2025 年
彭州湔江流域	18	22	27	2035 年
石亭江流域	20	23	27	2035 年
绵远河流域	15	18	21	2029 年
涪江上游流域	10	13	12	2021 年
白龙江流域	7	9	8	2017 年

4.4.2　防灾减灾的重点区域

植被覆盖度、林冠截留能力、水土保持功能恢复力差的区域，其抵御自然灾害的能力相对较差，受暴雨袭击可能引发大规模的崩塌、滑坡、泥石流等地质灾害。植被覆盖度、水土保持功能、水源涵养功能无恢复力以及恢复力大于 50 年（恢复力极低）的区域是未来防灾减灾重点关注区域，需加强人工干预，促进生态修复。由图 4-19 可知，防灾减灾的重点区域约为 220.8 km²，占受损总面积的 20.6%，主要分布在岷江干热河谷流域（汶川县映秀镇、银杏乡、绵虒镇）、彭州湔江流域（彭州龙门山镇）、石亭江流域（什邡市红白镇）、绵远河流域（绵竹清平乡、安州区高川乡）。

在局地防灾方面，应重点关注海拔 3 000 m 左右、坡度 30° 以上、年降水量 1 300 mm 以上、年蒸发量 1 300 mm 左右以碎屑变质岩为基质的受损区，这些区域植被覆盖度恢复力较差，水土保持和水源涵养功能恢复力也较差。

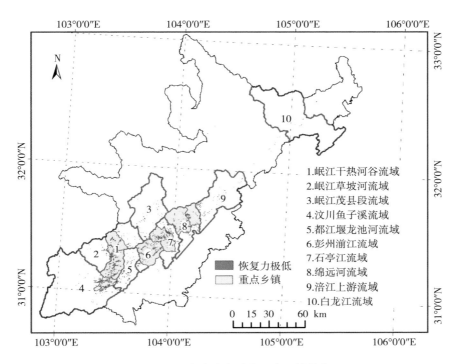

1.岷江干热河谷流域
2.岷江草坡河流域
3.岷江茂县段流域
4.汶川鱼子溪流域
5.都江堰龙池河流域
6.彭州湔江流域
7.石亭江流域
8.绵远河流域
9.涪江上游流域
10.白龙江流域

图 4-19 未来防灾减灾重点区域分布

第 5 章

概率衰减法评估流域生态恢复力

5.1 概率衰减法理论基础

应用概率衰减法开展生态恢复力研究，基于以下几点理论基础：

（1）生态恢复力是系统的表现特征，系统可以是某个感兴趣的区域或流域。

（2）系统面临持续性的干扰具有本能的反应，如通过植被覆盖的变化对干扰做出响应。植被覆盖的变化是生态恢复力的表现，若面临干扰植被覆盖没有发生变化，则说明系统处于平衡状态。

（3）系统的组分对于响应的干扰是不同的，有些组分对干扰呈现正相关，有些组分呈现负相关，例如，面对持续性的干扰系统中有些斑块的植被覆盖可能升高，而有些斑块的植被覆盖可能下降。

（4）系统组分的植被覆盖存在变好和变差的可能性，当变好趋势的可能性高于变差趋势的可能性时，系统恢复力较好；反之系统恢复力较差。但植被覆盖升高组分的数量高于植被覆盖降低组分的数量，并不能得出该系统恢复力较好的结论，到下一时刻植被覆盖升高组分的数量也可能小于植被下降组分的数量，这种变化来源于维持植被覆盖相同趋势组分衰减的时间。

（5）系统的组分可以用栅格来表示，即系统由若干栅格斑块构成，线性拟合每一个栅格在参考时间段植被覆盖变化趋势，当直线斜率为正时，则认为该栅格在参考时间段呈现变好趋势，如图 5-1 所示的 $t_0 \sim t_5$；反之呈现变差趋势。随着时间的推移，进一步拟合栅格从初始时间到拟合时间，的植被覆盖趋势如图 5-1 所示的 $t_0\sim t_i$，当斜率继续保持正或负时，则认为该栅格维持变好或变差趋势，当斜率由正变成负或者由负变成正时，则认为该栅格维持变好或变差趋势终止。图 5-1 中黑色的线表示初始时间段的拟合曲线，绿色的线表示到 t_i 时趋势没有发生改变的拟合曲线，红色的线表示到 t_i 时趋势没有发生改变的拟合曲线。

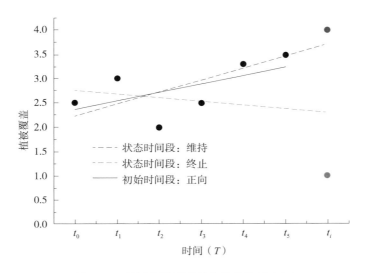

图 5-1　某栅格植被覆盖变化趋势示意图

（6）时间越长，栅格维持正趋势和负趋势的概率越低，即系统中维持性栅格的数量或比例越来越少。将维持性栅格比例按照指数衰减进行拟合，并分别计算正负趋势维持性栅格的衰减时间，当正趋势的衰减时间大于负趋势时，则认为系统恢复力较好，反之系统恢复力较差。正负趋势时间差越大，系统恢复力越好。如图 5-2 所示，系统植被覆盖维持正趋势的衰减时间（从 1 下降到 1/e）为 7.19 年，而负趋势的衰减时间为 4.0 年，低于正趋势的衰减时间，说明系统植被维持正趋势的可能性较维持负趋势的可能性大，生态恢复力高。

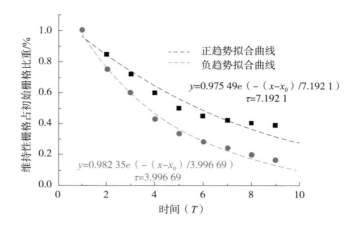

图 5-2 系统维持性栅格衰减示意图

5.2 概率衰减法计算流程与数学模型

第一步：收集长时间序列的植被覆盖数据，例如，AVHHR-NDVI、MODIS-NDVI 月、旬、年合成数据，并将长时间序列划分为两个阶段，参考时间段和拟合时间段，参考时间段和评估时间段的时间尺度没有严格的限制，但是必须保证在参考时间段内能够有充分的数据来拟合直线，在拟合时间段内有充足的数据来拟合指数衰减。

$$T(t_0, t) = T(t_0, t') \cup T(t', t) \tag{5-1}$$

第二步：计算各栅格在初始时刻 t_0 到参考时间 t' 以及初始时刻 t_0 到评估时间 t_i 的 NDVI 变化斜率。以最小二乘法拟合各栅格参考时间段内 NDVI 变化直线，斜率的（k）的计算公式为

$$k = \frac{\sum_{i=0}^{t}(t_i - \overline{t})(\text{NDVI}_i - \overline{\text{NDVI}})}{\sum_{i=t_0}^{t}(t_i - \overline{t})^2} \tag{5-2}$$

第三步：根据栅格的斜率来计算各年份斜率表面，即当栅格的斜率为正时，将栅格赋值为 1，当栅格斜率为负时，将栅格赋值为 -1。

$$s(x,y,t_i)=\begin{cases}-1,k<0\\1,k>0\end{cases}\tag{5-3}$$

第四步：根据各年度的斜率表面计算维持表面。初始的维持表面与斜率表面相同，将本年度的斜率表面与上年度的持续表面进行比较，如果栅格值相等，则该栅格的持续表面赋值与上年度的相同，反之则赋为 0。

$$P(x,y,t)=\begin{cases}s(x,y,t'),t=t'\\P(x,y,t_{i-1}),\mathrm{if}\,s(x,y,t_i)=P(x,y,t_{i-1}),t>t'\\0,\mathrm{if}\,s(x,y,t_i)\neq P(x,y,t_{i-1}),t>t'\end{cases}\tag{5-4}$$

第五步：统计系统或者特定感兴趣区域各年度保持同一变化趋势的栅格数量，并计算各年度占参考年度栅格数量的比例。

$$q(t_i)=\frac{N_{t_i}}{N_{t'}}\tag{5-5}$$

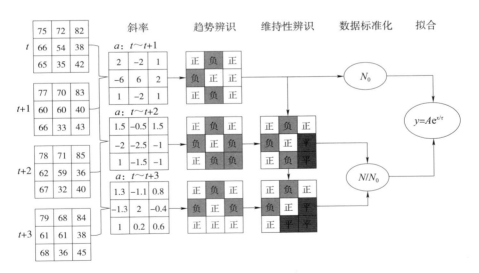

图 5-3　概率衰减法示意图

第六步：空间恢复力是通过正负趋势衰减时间的差值比较而获得的。采用指数衰减法拟合维持性栅格比例随时间（$t'\sim t$）下降的趋势，计算衰减时间（即从 1 下降到 1/e）。衰减时间越长，表示维持某一趋势的概率越高。当正趋势的衰减时间大于负趋势，表明该系统恢复力越好；反之恢复力越差。

$$q(t_i) = Ae^{-(t_i-t')/\tau} \qquad\qquad (5\text{-}6)$$

$$RS = \tau_{正趋势} - \tau_{负趋势} \qquad\qquad (5\text{-}7)$$

5.3 长江全流域生态恢复力

5.3.1 EVI 年际变化

长江流域 2001—2020 年 EVI 空间分布（图 5-4）说明，长江流域年平均增强型植被指数（EVI）呈现东端低、中部较高的空间分布规律，植被覆盖较好的地区主要为四川省、贵州省、湖南省、湖北省等地。

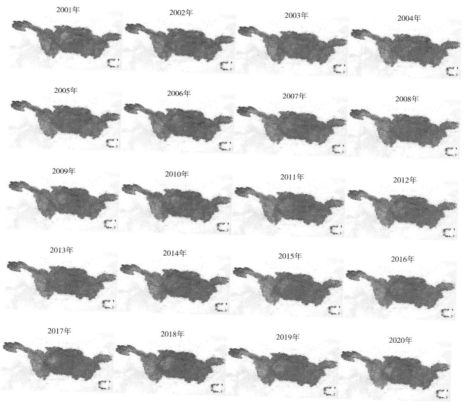

图 5-4　2001—2020 年长江流域 EVI 空间分布

　　长江流域 EVI 年际变化曲线图（图 5-5）表明，长江流域 EVI 值增长了 7.76%，呈上升趋势，增加幅度为 0.038/20 年，表明长江流域植被覆盖在逐渐变好。2001 年的 EVI 值最小，仅为 0.49；峰值出现在 2016 年，EVI 值达到 0.536，后又稍有降低，2020 年为 0.532。随着时间的推移，EVI 值标准差也在逐渐增加，说明长江流域植被覆盖空间分布差异在增大。

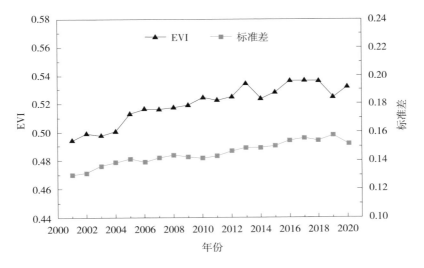

图 5-5　2001—2020 年长江流域平均 EVI 变化曲线

5.3.2　维持性栅格数量变化

　　以 2001 年为初始时间，统计 2010—2020 年维持正、负趋势的栅格数量，计算各年度维持栅格数量占 2010 年维持相同趋势栅格数量的比例（表 5-1）。数据表明，维持负趋势栅格数量减幅较大，下降速率快，2020 年维持负趋势栅格数量仅为 2010 年的 33.82%；2020 年维持正趋势栅格数量为 2010 年的 76.58%，说明长江流域植被覆盖情况正逐渐变好。

表 5-1　长江流域 EVI 指数维持性栅格数量统计

年份	斜率维持正的栅格数量 / 个	标准化 / %	斜率维持负的栅格数量 / 个	标准化 / %
2010	1 376 924	100	404 827	100
2011	1 301 536	94.52	312 989	77.31
2012	1 251 191	90.87	268 601	66.35
2013	1 221 911	88.74	230 983	57.06
2014	1 186 519	86.17	210 595	52.02
2015	1 148 676	83.42	193 284	47.74
2016	1 122 128	81.50	175 659	43.39
2017	1 101 464	79.99	163 889	40.48
2018	1 083 360	78.68	153 380	37.89
2019	1 070 524	77.75	144 596	35.72
2020	1 054 459	76.58	136 925	33.82

　　由各年度维持性栅格空间分布（图 5-6）分析出，随着时间的推移，维持性栅格的数量逐渐减少（红色和绿色栅格逐渐减少），恢复到统计平均的栅格数量逐渐增加（黄色栅格逐渐增多）。一直维持负趋势的栅格主要分布在江苏省南部、上海市等区域。

　　将 2010—2020 年维持性栅格进行叠加（图 5-7），计算出每个栅格在 11 个年度中维持同一趋势的年度次数以及维持时间百分比。颜色越绿表明维持正趋势时间越长，维持正趋势时间长的栅格主要分布在陕西省安康市、商洛市，湖北省十堰市，重庆市城口县、巫溪县、巫山县、奉节县等区域；颜色越红表明维持负趋势时间越长，维持负趋势时间长的栅格主要分布在上海市，江苏省苏州市、无锡市、常州市、镇江市、南京市，浙江省湖州市、嘉兴市，四川省成都市等区域。

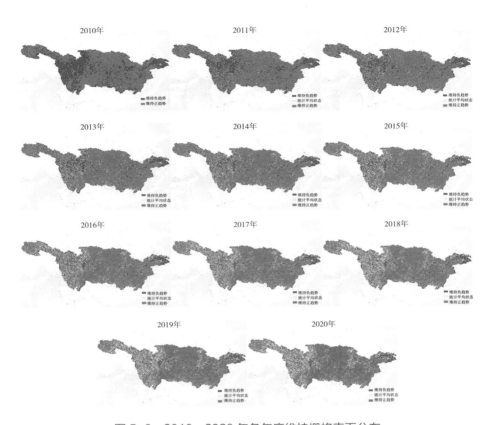

图 5-6　2010—2020 年各年度维持栅格表面分布

5.3.3　生态恢复力

以 2010—2020 年维持正、负趋势栅格数据拟合正负趋势的衰减曲线，拟合数据表明（图 5-8），正趋势的衰减时间为 $\tau=38.02$，较负趋势的衰减时间 $\tau=8.54$ 高很多，差值为 29.48，表明长江流域生态环境整体是正向演替。

图 5-7　栅格维持趋势的时间百分比

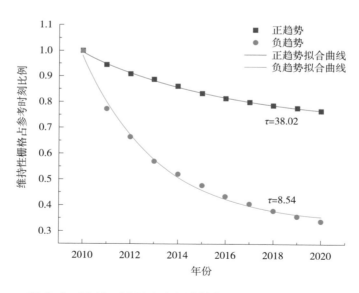

图 5-8　2010—2020 年长江流域整体正负趋势衰减拟合

5.4　分流域生态恢复力

5.4.1　分流域生态恢复力

根据地形地貌、河流水系、行政区划等，将长江流域划分为 13 个二级流域、45 个三级流域。统计长江流域 45 个三级小流域各年度维持不同趋势的栅格数量，计算各年度每个小流域维持栅格数量占 2010 年维持相同趋势栅格数量的比例，拟合正负趋势衰减曲线。生态恢复力高的小流域主要是丹江口以上、清江、思南以下，正负趋势的衰减时间差分别为 232.6 年、181.2 年、157.2 年。生态恢复力低的流域主要是杭嘉湖区、通南及崇明岛诸河、武阳区，正负趋势的衰减时间差分别为 -73.0 年、-43.8 年、-23.4 年。

表 5-2　长江三级流域正负衰减趋势

三级流域名称	正向衰减时间 / 年	负向衰减时间 / 年	生态恢复力
通南及崇明岛诸河	4.9	48.7	-43.8
湖西及湖区	18.7	30.5	-11.8
青弋江和水阳江及沿江诸河	39.1	21.7	17.4
巢滁皖及沿江诸河	23.6	22.4	1.2
城陵矶至湖口右岸	43.5	14.8	28.7
鄱阳湖环湖区	52.7	8.1	44.6
修水	84.0	4.9	79.1
武汉至湖口左岸	42.1	13.1	29.0
饶河	128.1	5.6	122.5
抚河	147.0	4.2	142.8
赣江峡江以下	65.5	11.7	53.8
信江	93.0	5.6	87.4
丹江口以下干流	37.5	9.5	28.0
赣江栋背至峡江	152.8	3.7	149.1

续表

三级流域名称	正向衰减时间 / 年	负向衰减时间 / 年	生态恢复力
宜昌至武汉左岸	21.8	11.4	10.4
洞庭湖环湖区	29.1	12.6	16.5
赣江栋背以上	140.4	4.0	136.4
资水冷水江以上	60.4	4.9	55.5
沅江浦市镇以下	133.7	2.4	131.3
澧水	102.9	5.4	97.5
湘江衡阳以下	73.7	7.8	65.9
唐白河	23.8	12.6	11.2
宜宾至宜昌干流	103.9	8.6	95.3
清江	186.1	4.9	181.2
丹江口以上	236.9	4.4	232.5
湘江衡阳以上	105.9	3.2	102.7
沅江浦市镇以上	113.5	2.4	111.1
渠江	86.1	5.4	80.7
思南以下	159.4	2.2	157.2
涪江	53.1	4.6	48.5
广元昭化以下干流	70.5	6.4	64.1
赤水河	144.2	3.8	140.4
沱江	16.5	13.7	2.8
青衣江和岷江干流	24.4	7.1	17.3
思南以上	59.8	6.9	52.9
大渡河	13.4	8.2	5.2
广元昭化以上	139.4	3.3	136.1
石鼓以下干流	29.9	8.3	21.6
雅砻江	15.8	8.4	7.4
直门达至石鼓	9.6	10.1	−0.5
通天河	19.2	10.5	8.7
武阳区	16.2	39.5	−23.3
杭嘉湖区	5.0	78.0	−73.0
资水冷水江以下	89.3	6.4	82.9
黄浦江区	22.0	26.5	−4.5

5.4.2　空间分布特征

根据长江三级小流域生态恢复力空间分布（图 5-9）得出，生态恢复力高的区域集中在长江中游，主要是嘉陵江流域、汉江流域、宜宾至宜昌干流、乌江流域、洞庭湖和鄱阳湖水系，包括陕西省、重庆市、江西省南部、湖北省西部、湖南省大部分地区，生态恢复力高的小流域正负趋势的衰减时间差最高可以达到 232 年。生态恢复力低的区域主要集中在长江流域下游入海口区域，主要为太湖水系以及通南及崇明岛诸河小流域。生态恢复力低的小流域正负趋势的衰减时间差最低可以达到 73 年。

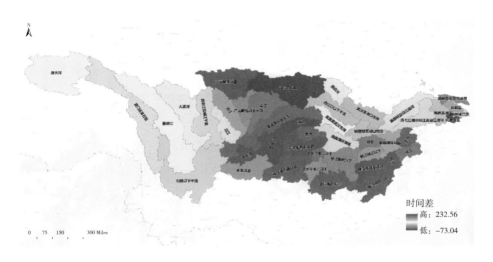

图 5-9　长江三级小流域生态恢复力空间布局

5.5　流域生态恢复力的相关性

5.5.1　生态恢复力与气象的关系

以长江流域 45 个三级小流域为分析对象，从 2013—2020 年多年平均降水、多年平均暴雨次数、多年平均温度三个方面分析生态恢复力与气象的关系。

（1）生态恢复力与多年平均降水的关系

分析长江三级流域生态恢复力与多年平均降水的关系（图 5-10），可发现生态恢复力呈现分散分布，降水对流域生态恢复力影响无明显的规律，生态恢复力较差的流域多年平均降水主要为 1 000～1 300 mm。

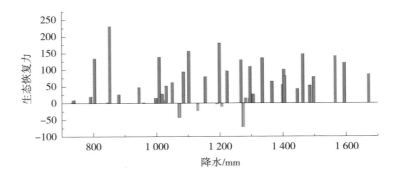

图 5-10　长江三级小流域生态恢复力与多年平均降水关系

（2）生态恢复力与多年平均暴雨次数的关系

分析长江三级流域生态恢复力与 2013—2020 年暴雨次数的关系（图 5-11），发现生态恢复力与多年暴雨次数无明显关联特征，生态恢复力差的小流域多年暴雨次数主要为 35～40 次。

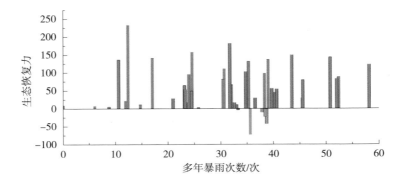

图 5-11　长江三级小流域生态恢复力与多年平均暴雨次数关系

（3）生态恢复力与多年平均温度的关系

分析长江三级流域生态恢复力与多年平均温度的关系（图 5-12），发现生态恢复力受多年平均温度影响不明显，生态恢复力较好的小流域多年平均温度主要为 15～16℃，生态恢复力较差的小流域多年平均温度主要为 16～17.5℃。

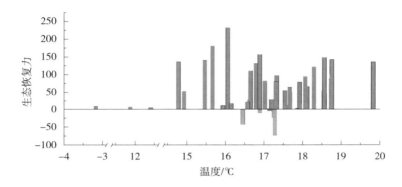

图 5-12　长江三级小流域生态恢复力与多年平均温度关系

5.5.2　生态恢复力与地形的关系

以长江流域三级小流域为分析对象，从平均海拔高度、平均坡度两个方面分析生态恢复力与地形的关系。

（1）生态恢复力与平均海拔高度的关系

分析长江三级流域生态恢复力与平均海拔高度的关系（图 5-13），发现平均海拔太低或太高的流域，其生态恢复力都不好。平均海拔在 900～1100 m 范围内的流域生态恢复力最好，平均海拔低于 100 m 或高于 3 500 m 的小流域生态恢复力较差，尤其是平均海拔低于 100 m 的小流域，其生态恢复力几乎都是负值。

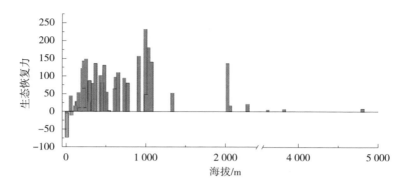

图 5-13   长江三级小流域生态恢复力与平均海拔关系

（2）生态恢复力与平均坡度的关系

分析长江三级流域生态恢复力与平均坡度的关系（图 5-14），发现坡度＜7° 时，生态恢复力均为负值。随坡度增大，生态恢复力总体上呈现变好的趋势，当平均坡度达到 23° 时，生态恢复力最好。

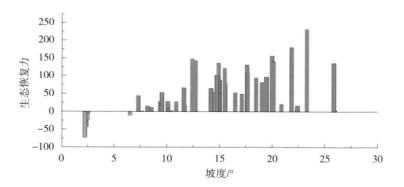

图 5-14   长江三级小流域生态恢复力与平均坡度关系图

5.5.3   生态恢复力与生态系统类型的关系

以长江流域三级小流域为分析对象，从建设用地面积比例、生态用地面积比例、水域面积比例、耕地面积比例四个方面分析生态恢复力与生态系统类型的关系。

（1）生态恢复力与建设用地面积比例的关系

分析长江三级流域生态恢复力与建设用地面积比例的关系（图 5-15），发现总体上生态恢复力随着建设用地占流域面积比例增大而降低。建设用地占流域面积比例<5% 时生态恢复力较好；当建设用地占流域面积比例超过 10% 时，生态恢复力均为负值，生态系统存在退化趋势。

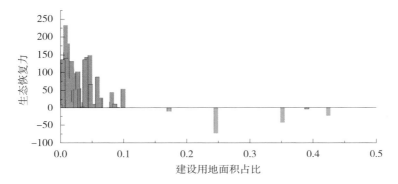

图 5-15　长江三级小流域生态恢复力与建设用地面积比例关系

（2）生态恢复力与生态用地面积比例的关系

分析长江三级流域生态恢复力与生态用地占流域面积比例的关系（图 5-16），发现随着生态用地占流域面积比例增加，生态恢复力总体上呈现先增强后减弱的趋势，生态用地占流域面积比例达到 75% 左右时，生态恢复力较好；生态用地占流域面积比例<30% 时生态恢复力较差，生态系统可能存在退化趋势。

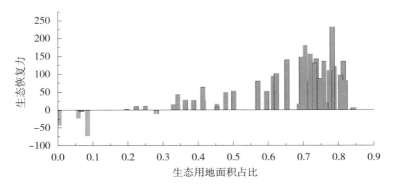

图 5-16　长江三级小流域生态恢复力与生态用地面积比例关系

（3）生态恢复力与水域面积比例的关系

分析长江三级流域生态恢复力与水域占流域面积比例的关系（图 5-17），发现随着水域占流域面积比例的增加，生态恢复力总体上呈现降低的趋势。当水域面积占流域面积比例＜2.7% 时，小流域的生态恢复力较好；当水域面积占流域面积比例＞5% 时，小流域的生态恢复力相对较差。

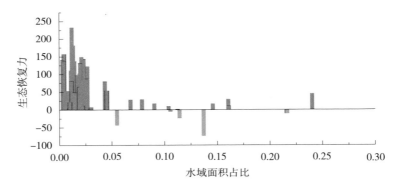

图 5-17　长江三级小流域生态恢复力与水域面积比例关系

（4）生态恢复力与耕地面积比例的关系

分析长江三级流域生态恢复力与耕地占流域面积比例的关系（图 5-18），发现随着耕地占流域面积比例的增加，生态恢复力总体上呈现先增强后减弱的趋势。当耕地占流域面积比例达到 27% 左右时，生态恢复力较好；耕地占流域面积比例＜10% 和＞50% 时，生态恢复力总体较差，生态系统可能存在退化趋势。

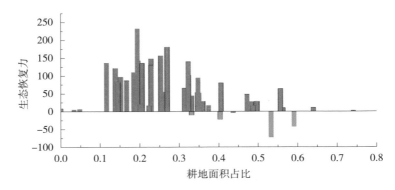

图 5-18　长江三级小流域生态恢复力与耕地面积比例关系

5.6　长江流域生态恢复力评估结论

2001—2020 年，长江流域平均 EVI 值呈上升趋势，增长了 7.76%，长江流域植被覆盖正在逐渐变好。长江流域生态恢复力较好，维持正趋势的栅格与维持负趋势的栅格衰减时间差为 29.48 年，生态环境整体是正向演替。长江流域生态恢复力高的小流域为丹江口以上、清江、思南以下三级小流域，主要分布在陕西省安康市、商洛市，湖北省十堰市，重庆市城口县、巫溪县、巫山县、奉节县等区域，生态恢复力最高可以达到 232 年。生态恢复力低的区域集中在长江流域下游入海口区域，主要分布在上海市，江苏省苏州市、无锡市、常州市、镇江市、南京市，浙江省湖州市、嘉兴市，四川省成都市等区域，正负趋势的衰减时间差最低可以达到 −73 年。

通过相关性分析，区域的生态恢复力受气象条件（降水、暴雨、气温）影响不明显。生态恢复力高低会受地形的影响，如随着区域坡度增大，生态恢复力总体上变好；并且平均海拔高度太低或太高，生态恢复力均不好。生态恢复力受生态系统类型影响较明显，生态恢复力随着建设用地、水域占流域面积比例增大而降低；随着生态用地、耕地占流域面积比例增加，生态恢复力总体上呈现先增强后减弱的趋势。

综上所述，生态恢复力较差的区域经济都比较发达，人口稠密，说明生态恢复力受人类活动影响较大。从长远生态系统稳定性来看，需重点关注长江入海口经济较发达的区域，如上海市，江苏省苏州市、无锡市、南京市等区域，因地制宜地加强生态保护与修复，着力于经济发展和生态环境保护协同推进，推动长江流域社会—经济—自然复合生态系统可持续发展。

第 6 章

概率衰减法评估汶川地震
生态恢复力

6.1　突发性干扰下概率衰减法的改进

（1）持久栅格表面算法

在之前的概率衰减计算过程中，均没有考虑斜率（k）为 0 的情况，而在实际操作过程中，栅格斜率为 0 的情况有可能出现。在之前的假设中，若本年度的斜率栅格和上年度的持续栅格发生逆转，则在计算本年度的持久栅格时赋值为 0，即认为该栅格返回到"统计平均状态"。若本年度栅格的斜率为 0，则可认为该栅格处于"统计平均状态"，在计算持久栅格时直接赋值为 0。

$$s(x,y,t_i) = \begin{cases} -1, & k < 0 \\ 0, & k = 0 \\ 1, & k > 0 \end{cases} \qquad (6-1)$$

$$P(x,y,t) = \begin{cases} s(x,y,t'), t = t' \\ 0, \text{if } s(x,y,t_i) = 0 \\ P(x,y,t_{i-1}), \text{if } s(x,y,t_i) \neq 0 \cap s(x,y,t_i) = P(x,y,t_{i-1}), t > t' \\ 0, \text{if } s(x,y,t_i) \neq 0 \cap s(x,y,t_i) \neq P(x,y,t_{i-1}), t > t' \end{cases} \qquad (6-2)$$

（2）生态恢复力判断准则

在之前概率衰减法应用中，长时间序列 NDVI 数据被划分为两个时间段，即参考时间段和拟合时间段。设置参考时间段的目的是获取维持性栅格初始数目，而设置拟合时间段的目的是评价维持性栅格的衰减，通过正负趋势衰减时间的对比来评价生态恢复力，但这种方式在开展突发性干扰下生态恢复力研究时可能会出现错误，甚至得出与事实不符的结论。

如图 6-1 所示，黑色和红色实线分别表示 $t'\sim t$ 时间段持续性干扰下正趋势和负趋势的拟合曲线，可以看出在持续性干扰下系统正趋势的衰减时间（τ =18.25）显著大于负趋势的衰减时间（τ =10.37），表明系统生态恢复力较好，朝着良性状态发展。由于地震及其次生地质灾害的强烈破坏性，当 t_e 时刻发生地震，可使正趋势维持性栅格在 t_e 时刻数量锐减，而负趋势维持性栅格数量在 t_e 时刻下降速度放缓。从参考时刻 t' 开始拟合地震前后数据，正趋势的拟合曲线将从黑色实线向黑色虚线转变，衰减时间由 τ =18.25 下降至 τ =8.66；负趋势的拟合曲线将从红色实线向红色虚线转变，衰减时间由 τ =10.37 上升至 τ =12.07，负趋势的衰减时间大于正趋势的衰减时间，或许可以得出系统恢复力较低，朝着恶性状态发展的结论。然而事实可能是，地震瞬间造成巨大的生态破坏，但震后植被覆盖会呈现恢复趋势，这与评估结论不相符。

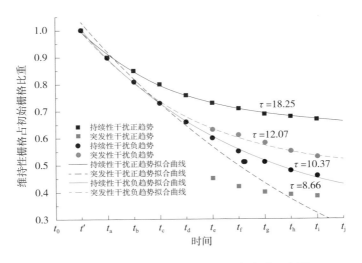

图 6-1　持续性和突发性干扰下概率衰减示意图

如果将参考时刻 t' 和地震发生时刻 t_e 均作为分界点，以地震前的数据和地震后的数据分别进行拟合，可以观测到不同的结果。如图 6-2 所示，黑色和红色实线表示地震发生前（$t'\sim t_e$）正趋势和负趋势数据的拟合曲线。地震发生前，正趋势的衰减时间（$\tau=13.49$）大于负趋势的衰减时间（$\tau=9.56$），表明灾前系统的生态恢复力较好，呈现良好发展趋势。黑色和红色虚线表示地震发生后（$t_e\sim t$）正趋势和负趋势数据的拟合曲线，可以看到地震发生后，正负趋势的衰减时间都上升了，但是正趋势的衰减时间上升幅度显著大于负趋势，使得正负趋势衰减时间差进一步扩大，表明灾后系统的生态恢复力比灾前更强，这才有可能是系统在灾后出现生态恢复态势的原因，与事实相符。

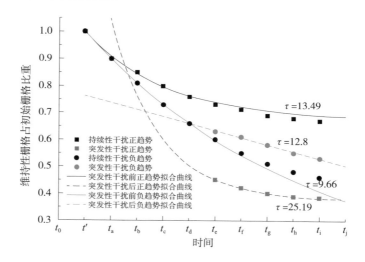

图 6-2　突发性干扰前后概率衰减变化示意图

以上研究表明，$t'\sim t$ 时刻正负趋势衰减时间差只能表明地震对生态系统的影响，而不能充分表明突发性干扰后生态恢复力的大小及变化。与持续性干扰不同的是，突发性干扰下生态恢复力研究需要将长时间序列的 NDVI 数据划分为三个时间段：参考时间段、突发干扰前时间段、突发干扰后时间段。空间恢复力是通过比较突发干扰后正负趋势衰减时间差值，以及突发干扰前后正负趋势衰减时间差的"变化"来获得的。突发干扰前后正负趋势衰减时间差的"变化"不仅考虑了不同系统间生态恢复力本身的差异性，也考虑了地震带来的生态影响。

针对地震干扰下的恢复力研究模型如下：

$$q(t_i) = A\mathrm{e}^{-(t_i - t')/\tau} \tag{6-3}$$

$$\mathrm{RS} = \tau_{\text{正趋势}} - \tau_{\text{负趋势}} \tag{6-4}$$

1）对于 A、B 两个系统，若

$$\mathrm{RS}_{A\text{震后}} > 0 \cap \mathrm{RS}_{B\text{震后}} < 0$$

则

$$\mathrm{RS}_A > \mathrm{RS}_B$$

2）对于 A、B 震后都是正趋势而言，即

$$\mathrm{RS}_{A\text{震后}} > \mathrm{RS}_{B\text{震后}} > 0$$

则

$$\mathrm{RS}_A > \mathrm{RS}_B$$

说明：A、B 震后都是正趋势，说明地震的影响小，恢复力的比较可不考虑地震因素。

3）对于 A、B 震后都是负趋势系统，若

$$0 > \mathrm{RS}_{A\text{震后}} > \mathrm{RS}_{B\text{震后}}$$

若

$$\mathrm{RS}_{A\text{震后}} - \mathrm{RS}_{A\text{震前}} > \mathrm{RS}_{B\text{震后}} - \mathrm{RS}_{B\text{震前}}$$

则

$$\mathrm{RS}_A > \mathrm{RS}_B$$

说明：A、B 震后都是负趋势，必须考虑地震的因素，因为地震可能导致正趋势向负趋势转换，正趋势到负趋势的转变比负趋势到负趋势的扩大所体现的生态恢复力更小。

6.2　空间单元划分

汉川地震灾后生态恢复力评估的主要目标是衡量不同区域的空间差异性，明确产生空间差异的原因，即驱动因素，从而有针对性地提出中长期生态恢复对策。因此，空间单元可分为两个层次，第一个层次为基准单元，即空间恢复力的最小分辨尺度；第二个层次是驱动力单元，即恢复力的影响因素的空间区划。

6.2.1　基本单元

基本单元可以是流域、行政区域或者自定义栅格。本研究选定为小流域，主要基于以下几点原因：① 流域是一个特定的集水区，流域内各组共享一致的气象、水文过程，能在一定程度上保证生态系统的完整性；② 在很多情况下，流域的边界与行政区划的边界一致，以流域为评价单元有利于生态系统的规划与管理；③ 汉川地震灾区是地质灾害高发区，且以泥石流灾害居多，泥石流沟的形成多集中在小流域，以小流域为评估单元有利于制定防灾减灾规划和对策。本研究基于 1∶25 万 DEM，采用 ArcGIS 水文分析模型划定小流域。小流域的空间尺度准则是小乡镇包含 2~3 个小流域，大乡镇包含 6~8 个小流域；流域的边界按照各县（市）行政边界进行修正，使小流域不跨行政区而分属不同的县域行政区。研究区共 10 个县（市）、乡镇，一共划分为 210 个小流域，平均每个乡镇 2.5 个小流域。其中，安州区 22 个小流域，北川县 54 个小流域，都江堰市 18 个小流域，茂县 67 个小流域，绵竹市 32 个小流域，彭州市 23 个小流域，平武县 105 个小流域，青川县 50 个小流域，什邡市 23 个小流域，汉川县 88 个小流域（图 6-3）。

6.2.2　驱动力单元

驱动力单元按照影响植被长势空间差异的潜在因素进行划分。影响植被长势的第一个因素是地震本身，地震烈度越大，生态系统受损越大，系

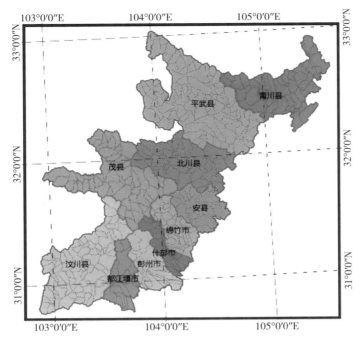

图 6-3　汶川地震灾区小流域划分

统的恢复力越小。汶川地震极重灾区最大烈度为 XI 度，最小为 VII 度，按
每个烈度将灾区划分为 5 个驱动力单元（图 6-4）。第二个因素是气象因
素，不同区域的降水量和蒸发量都可能影响系统生态恢复力。本书基于干
燥度指数将汶川地震极重灾区划分为 4 个驱动力单元。干燥度指数的计
算公式为：干燥度＝蒸发量 / 降水量，研究区干燥度指数介于 0～3.6，将
干燥度指数＜1 定义为湿润区，将 1＜干燥度指数＜1.5 定义为半湿润区，
将 1.5＜干燥度指数＜2.5 定义为半干旱区，将 2.5＜干燥度指数＜3.6 定
义为干旱区（图 6-5）。第三个因素是生态系统类型因素，不同的生态系
统类型在灾后生态恢复表现是不同的，生态恢复力也可能存在差异性。根
据 1∶100 万的植被类型图，将研究区划分为八大类型区，即栽培植被
区、灌丛区、阔叶林区、针阔混交林区、针叶林区、草甸区、高山植被
区、水体（图 6-6）。第四个因素为地形因素，尤其是海拔高度不同，系
统呈现出不同的生态类型和不同的土壤侵蚀敏感性。以 1∶25 万 DEM 为

基础，采用自然断点法将研究区划分为5个驱动力单元：400～1 200 m、1 200～2 000 m、2 000～2 800 m、2 800～3 600 m、3 600 m以上（图6-7）。

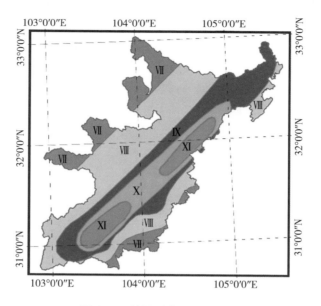

图6-4　地震烈度驱动力单元

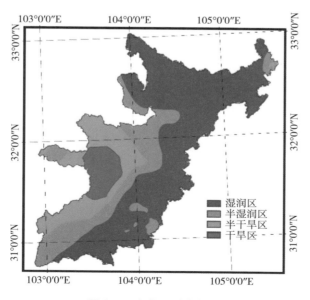

图6-5　气候驱动力单元

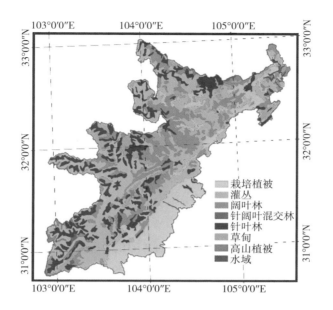

图 6-6　植被类型驱动力单元

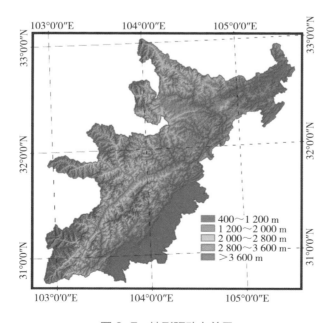

图 6-7　地形驱动力单元

6.3　斜率栅格表面

Terra 卫星于 1999 年 12 月 28 日发射，其搭载的 MODIS 传感器于 2000 年开始采集数据。收集 2000—2014 年长时间序列的 16 天合成 NDVI 数据。将 2000 年 NDVI 作为初始时刻，2000—2004 年作为参考时间段，2004—2008 年作为震前时间段，2008—2014 年作为震后时间段。首先计算参考时间段的栅格初始斜率。基本做法是将研究区以矢量网格的方式表示研究区的每一个栅格（网格的大小和 MODIS-NDVI 分辨率一致，网格的边界与 MODIS-NDVI 每个栅格一一对应），在 ArcGIS 中采用 Zonal Statistic as Table 统计研究区每个栅格各年度 NDVI 值，并将各年度的统计值合并到同一个 Excel 表格下，用 Excel 中的 SLOPE 函数计算栅格斜率，最后将计算得一以的每个栅格的斜率数值转换成栅格图层。以此类推，分别计算 2000—2005 年、2000—2006 年……一直到 2000—2014 年的每个栅格的斜率。将斜率为正的赋值为 1。斜率为 0 的赋值为 0。斜率为负的赋值为 -1。从初始斜率（2000—2004 年）来看，正趋势的栅格数量为 266 353 个，占研究区总面积的 54.84%；负趋势的栅格数量为 219 052 个，占研究区总面积的 45.10%；斜率为 0 的栅格数量为 263 个，占研究区总面积的 0.05%。各年度斜率为 0 的栅格数量均占很小一部分，说明系统处于"统计平均状态"的组分较少，对于环境的改变表现出积极的响应（表 6-1）。

从图 6-8 和图 6-9 可以看出，地震前后栅格的斜率发生了较大变化。地震前，从初始时刻到某年度斜率为正和斜率为负的栅格呈现分散分布态势，而地震后斜率为正和斜率为负的栅格呈现集中分布态势，且时间越长，集中分布的态势越明显，正趋势主要集中在研究区的东北部，负趋势主要集中在研究区的西南部 [见图 6-9：$s(x, y, 2009) \sim s(x, y, 2014)$]。

表 6-1　各时间段斜率栅格统计

年度范围	斜率为正栅格		斜率为负栅格		斜率为 0 栅格	
	数量 / 个	占比 /%	数量 / 个	占比 /%	数量 / 个	占比 /%
2000—2004	266 353	54.84	219 052	45.10	263	0.05
2000—2005	260 601	53.66	224 986	46.33	81	0.02
2000—2006	236 474	48.69	249 034	51.28	160	0.03
2000—2007	261 869	53.92	223 740	46.07	59	0.01
2000—2008	241 054	49.63	244 529	50.35	85	0.02
2000—2009	230 051	47.37	255 591	52.63	26	0.01
2000—2010	244 800	50.40	240 828	49.59	40	0.01
2000—2011	245 101	50.47	240 548	49.53	19	0.00
2000—2012	234 959	48.38	250 677	51.61	32	0.01
2000—2013	224 720	46.27	260 936	53.73	12	0.00

6.4　维持栅格表面

参考时刻（2004 年）的维持栅格表面 $P(x, y, 2004)$ 与斜率栅格表面 $s(x, y, 2004)$ 相同，即 $P(x, y, 2004)=s(x, y, 2004)$。2004 年以后每个年度的维持栅格表面。从图 6-10 可以看出，随着时间的推移，维持性栅格的数量逐渐减少（红色和绿色栅格逐渐消失），恢复到统计平均的栅格数量逐渐增加（黄色栅格逐渐增多）。将 2004—2014 年维持性栅格进行叠加，可知每个栅格在 11 个年度中维持同一趋势的年度次数以及维持性时间百分比。图 6-11 中颜色越红的栅格表示维持负趋势的时间越长，颜色越绿的栅格表示维持正趋势的时间越长。

$$P(x,y) = \frac{\sum\limits_{t=2004}^{2014} P(x,y,t)}{11} \qquad (6\text{-}5)$$

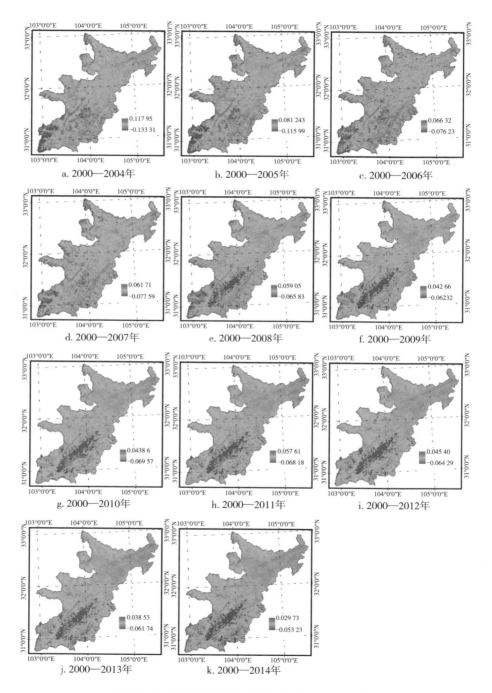

图 6-8　初始时刻到某年度栅格 NDVI 变化斜率

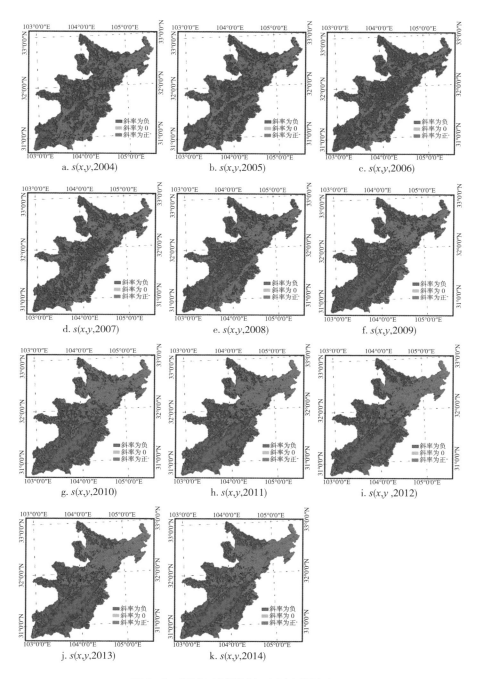

a. s(x,y,2004) b. s(x,y,2005) c. s(x,y,2006)

d. s(x,y,2007) e. s(x,y,2008) f. s(x,y,2009)

g. s(x,y,2010) h. s(x,y,2011) i. s(x,y,2012)

j. s(x,y,2013) k. s(x,y,2014)

图 6-9　初始时刻到某年度斜率栅格表面

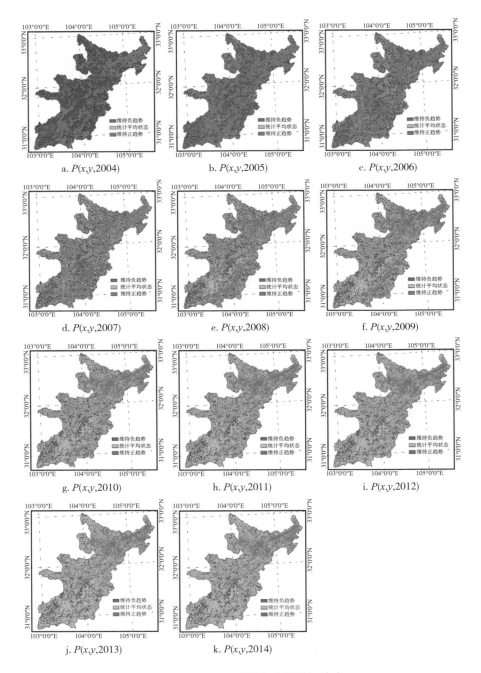

图 6-10　初始时刻到某年度维持栅格表面

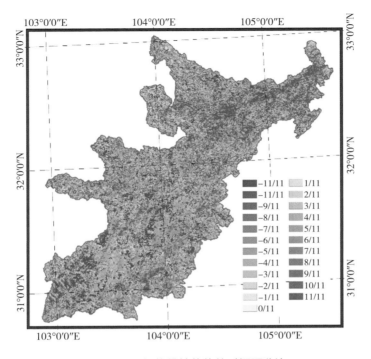

图 6-11　栅格维持趋势的时间百分比

6.5　整体生态恢复力评价

统计 2004—2014 年维持不同趋势的栅格数量，并计算各年度维持栅格数量占 2004 年维持相同趋势栅格数量的比例（表 6-2）。以 2004—2007 年的数据拟合震前正负趋势的衰减曲线，以 2008—2014 年的数据拟合震后正负趋势的衰减曲线。地震前（2004—2007 年）的拟合数据表明（图 6-12），正趋势的衰减时间为 $\tau = 5.14$，虽较负趋势的衰减时间为 $\tau = 5.31$ 略低，但幅度不大。地震后（2008—2014 年）的拟合数据表明，正趋势的衰减时间为 $\tau = 6.37$，仍较负趋势的衰减时间 $\tau = 6.57$ 略低，但幅度同样不大。地震前后，正负趋势衰减时间差的变化为（$6.37 \sim 6.57$）－（$5.31 \sim 5.14$）＝ -0.03，基本无变化。综上，地震前正负趋势衰减时间基本持平，表明灾前研究区整体处于相对稳定状态；地震并没有使正趋势维持性栅格锐减，也没有使负趋势维持性栅格下降速度放缓；地震发生后正负趋势的时间也基本持平，说明研究区整体仍处于相对稳定状态。地震前后正负趋势衰减时间差几乎无变化也表明，地震前后研究区生态系统处于相同的"统计平均状态"，地震并没有使研究区整体生态环境发生显著变化。

表 6-2　维持性栅格数量及占参考时间比例

年份	负趋势栅格		正趋势栅格	
	数量 / 个	占比 /%	数量 / 个	占比 /%
2004	219 052	100	266 353	100
2005	174 907	79.85	216 361	81.23
2006	151 843	69.32	173 203	65.03
2007	126 556	57.77	155 948	58.55
2008	110 791	50.58	127 355	47.81
2009	96 892	44.23	108 131	40.60
2010	80 769	36.87	94 380	35.43
2011	72 860	33.26	88 489	33.22
2012	67 363	30.75	82 139	30.84
2013	64 333	29.37	76 834	28.85
2014	61 177	27.93	74 187	27.85

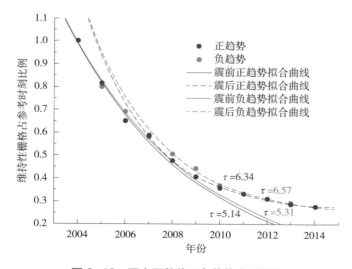

图 6-12　研究区整体正负趋势衰减拟合

6.6　基于小流域单元的生态恢复力评价

统计 480 个小流域各年度维持不同趋势的栅格数量，计算各年度每个小流域维持栅格数量占 2004 年维持相同趋势栅格数量的比例，拟合震前、震后正负趋势衰减曲线。小流域面积小，所包含的栅格数量少，在拟合的时候可能如出现以下几种情况，需要特殊处理：① 某些流域在 2008—2014 年正负趋势栅格的比例保持不变时，衰减时间将呈现无限大，拟合时会出现错误，此时手动对该小流域衰减时间做出标记（本书中用 9 999 表示衰减时间无穷大的情况）。② 某些流域在地震发生后的前两年正负趋势栅格比例会呈现下降趋势，但之后栅格比例保持不变，拟合的衰减时间将很大，与其他小流域的衰减时间比出现明显的差异。此时对于同一流域而言，正负趋势的拟合就不能采用指数衰减法，而是采用线性法，利用线性方程，人工计算从 1 下降到 1/e 的时间差作为衰减时间。

根据相对恢复力评价的基本准则，采用以下步骤对小流域的生态恢复力进行排序（顺序越靠前，恢复力越大）：① 分别计算各流域震前、震后正负趋势衰减时间的差值及差值的变化值（震后减震前）。② 以震后正负趋势的差值分为两组，第一组差值大于 0，共 230 个小流域，作为 1～230 顺位候选；第二组差值小于 0，共 250 个小流域，作为 231～480 顺位候选。③ 对于差值大于 0 的小流域，按照差值从高到低的原则依次进行排序，从 1 开始一直排序到 230。④ 对于差值小于 0 的小流域，按照差值的变化值从高到低的原则依次进行排序，从 231 一直排序到 480，并最终获得研究区所有小流域生态恢复力的排序值。

按照排序对小流域恢复力进行等级的划分，排名 1～100 表示生态恢复力极好，排名 101～230 表示生态恢复力较好，排名 231～400 表示生态恢复力较差，排名 400 以后表示生态恢复力极差。生态恢复力极好的流域面积为 4 944.25 km²，占研究区总面积的 18.84%；生态恢复力较好的面积为 7 620.25 km²，占研究区总面积的 29.24%；生态恢复力较差的面积为 9 574.87 km²，占研究区总面积的 36.74%；生态恢复力极差的面积为 3 957.52 km²，占研究区总面积的 15.18%。

从图 6-13 可以看出，生态恢复力高的区域集中分布在研究区东北部（图中绿色部分），包括青川县、平武县大部分区域和北川县的部分区域，在其他县（市）零星分布着生态恢复力高的小流域。生态恢复力高的小流域震后正负趋势的衰减时间差最高可以达到 150 年。生态恢复力低的区域集中分布在研究区的中部到西南区域（图中红色部分），包括汶川县大部分区域、都江堰市、彭州市、什邡市、绵竹市、安州区的北部山区以及北川县的南部区域。生态恢复力低的小流域震后正负趋势的衰减时间差最低可以达到 -119 年。茂县生态恢复力高的小流域和生态恢复力低的小流域呈交错分布状态。

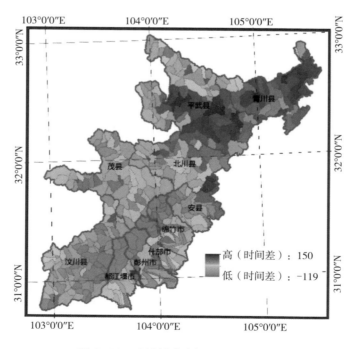

图 6-13　小流域生态恢复力空间布局

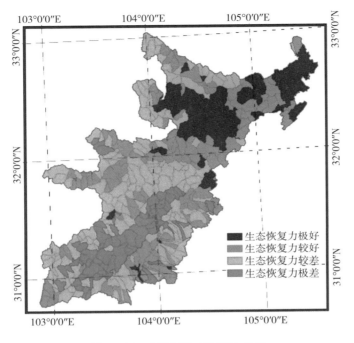

图 6-14　小流域生态恢复力分级

从表 6-3 可以看出，生态恢复力排名前 100 名的小流域主要分布在平武县和青川县，二者合计占 80%；排名 101～230 名的小流域主要分布在平武县、青川县、北川县、茂县和彭州市，五地合计占 75%；排名231～400 位的小流域主要分布在汶川县、茂县、平武、北川县和绵竹市，五地合计占 84%；排名后 80 位的主要分布在汶川县、绵竹市、都江堰市、什邡市、茂县，五地合计占 85%。

表 6-3　各县（市）生态恢复力排名小流域数量统计　　　　单位：个

县（市）名称	小计	排名 1～100 位	排名 101～230 位	面积	排名 231～400 位	面积	排名 401～480 位	面积
安州区	22	3	7		7		5	
北川县	54	10	24		19		1	

续表

县（市）名称	小计	排名1~100位	排名101~230位	面积	排名231~400位	面积	排名401~480位	面积
都江堰市	18	0	6		6		6	
茂县	67	0	23		35		9	
绵竹市	32	1	3		14		14	
彭州市	23	4	11		2		6	
平武县	105	48	25		32		0	
青川县	50	31	14		5		0	
什邡市	23	2	6		8		7	
汶川县	88	1	12		42		33	
合计	480	100	130		170		80	

从表 6-4 可以看出，恢复力为正向的（正趋势衰减时间大于负趋势）的流域面积占研究区总面积的 48.08%，正向和负向流域面积基本持平。恢复力为正向流域面积大于负向的区域包括安州区、北川县、平武县、青川市、彭州，按照排名前 100 位流域所占面积比例排序为青川县＞平武县＞北川县＞彭州市＞安州区；负向流域面积大于正向的区域包括都江堰市、茂县、绵竹市、什邡市和汶川县，按照排名后 80 位流域所占面积比例排序为绵竹市＞汶川县＞都江堰市＞什邡市＞茂县。因此各县（市）按照生态恢复力从高到低顺序排列为：青川县＞平武县＞北川县＞彭州市＞安州区＞茂县＞什邡市＞都江堰市＞汶川县＞绵竹市。

表 6-4　各县市生态恢复力排名小流域面积统计

县（市）名称	总面积/km²	排名1~100位 流域面积/km²	排名1~100位 流域面积占行政区面积比例/%	排名101~230位 流域面积/km²	排名101~230位 流域面积占行政区面积比例/%	排名231~400位 流域面积/km²	排名231~400位 流域面积占行政区面积比例/%	排名401~480位 流域面积/km²	排名401~480位 流域面积占行政区面积比例/%
安州区	1 400.06	37.41	2.67	675.32	48.24	438.55	31.32	248.79	17.77
北川县	2 864.36	277.13	9.68	1 362.52	47.57	1 222.62	42.68	2.09	0.07
都江堰市	1 208.21	0	0.00	320.11	26.49	424.2	35.11	463.91	38.40
茂县	3 898.52	0	0.00	1 322.82	33.93	2 366.36	60.70	209.34	5.37
绵竹市	1 246.38	0.97	0.08	124.35	9.98	524.48	42.08	596.58	47.87
彭州市	1 421.04	57.38	4.04	714.97	50.31	74.31	5.23	574.38	40.42
平武县	5 950.85	2 694.95	45.29	1 414.09	23.76	1 841.81	30.95	0	0.00
青川县	3 169.85	1 778.69	56.11	1 092.49	34.47	298.68	9.42	0	0.00
什邡市	820.43	20.21	2.46	141.86	17.29	380.92	46.43	277.43	33.82
汶川县	4 084.2	44.52	1.09	451.71	11.06	2 002.96	49.04	1 585	38.81
合计	26 063.9	4 911.26	18.84	7 620.24	29.24	9 574.89	36.74	3 957.52	15.18

6.7　基于驱动力单元的生态恢复力评价

6.7.1　地震烈度单元生态恢复力评价

针对每个地震烈度单元开展维持性栅格数量统计，计算各年度维持性栅格数量以及占 2004 年维持相同趋势栅格数量的比例，拟合震前、震后正负趋势衰减曲线（图 6-15～图 6-19）。烈度 Ⅶ～Ⅹ 区震前正负趋势衰减时间相差不大，表明这些区域在地震发生前生态系统处于相对平衡状态。烈度 Ⅺ 区震前正趋势的衰减时间低于负趋势的衰减时间，表明该区域在地震发生前生态恢复力较差，生态系统可能呈现退化趋势。地震发生后，烈度 Ⅶ 区、Ⅷ 区、Ⅸ 区正负趋势衰减时间均呈现增加态势，不同的是烈度 Ⅶ 区负趋势的衰减时间增加的幅度大于正趋势，使得正趋势的衰减时间低于负趋势，生态恢复力较差；烈度 Ⅷ 区、Ⅸ 区正趋势的衰减时间增加幅度大于负趋势，使得正趋势的衰减时间大于负趋势，生态恢复力较好。地震发生后，烈度 Ⅹ 区、Ⅺ 区正趋势的衰减时间下降，负趋势的衰减时间上升，导致这两个趋势负趋势的衰减时间显著大于正趋势，生态恢复力较差。

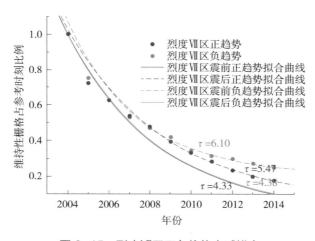

图 6-15　烈度Ⅶ区正负趋势衰减拟合

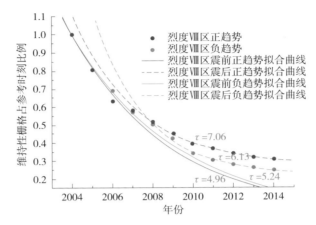

图 6-16　烈度Ⅷ区正负趋势衰减拟合

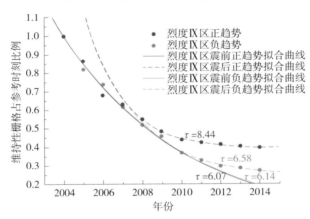

图 6-17　烈度Ⅸ区正负趋势衰减拟合

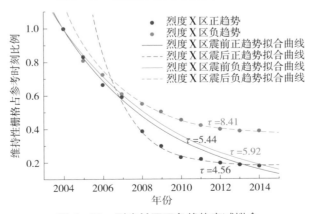

图 6-18　烈度Ⅹ区正负趋势衰减拟合

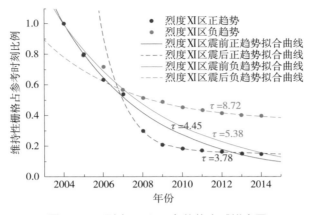

图 6-19　烈度 XI 区正负趋势衰减拟合图

根据既定的评价原则，按照以下顺序评价地震烈度单元空间恢复力。首先震后正负趋势衰减的时间差为正数的区域生态恢复力大于时间差为负数的区域生态恢复力，即 RS Ⅷ、RS Ⅸ＞RS Ⅶ、RS Ⅹ、RS Ⅺ；震后正负时间差为正数的按照时间差的大小排序，即 RS Ⅸ＞RS Ⅷ；震后正负时间差为负数的按照地震前后时间差的变化大小排序，即 RS Ⅶ＞RS Ⅹ＞RS Ⅺ。因此，地震烈度单元空间恢复力的最终排序为 RS Ⅸ＞RS Ⅷ＞RS Ⅶ＞RS Ⅹ＞RS Ⅺ。

表 6-5　地震前后各烈度单元正负趋势衰减时间及变化

τ	Ⅶ度		Ⅷ度		Ⅸ度		Ⅹ度		Ⅺ度	
	正趋势	负趋势	正趋势	负趋势	正趋势	负趋势	正趋势	负趋势	正趋势	负趋势
震前	4.33	4.38	4.96	5.24	6.07	6.14	5.44	5.92	4.45	5.38
震后	5.47	6.1	7.06	6.13	8.44	6.58	4.56	8.41	3.78	8.42
震前时间差	-0.05		-0.28		-0.07		-0.48		-0.93	
震后时间差	-0.63		0.93		1.86		-3.85		-4.64	
时间差变化	-0.58		—				-3.37		-3.71	
恢复力排序	3		2		1		4		5	

生态恢复力的空间差异性与地震烈度具有一定的相关性，但并不是完全的线性关系。烈度大于Ⅹ度区，地震对生态系统会造成显著的影响，可能使生态系统从原有的稳定状态向不稳定状态发展，或使生态系统的退化趋势进一步扩大，生态恢复力较差。生态恢复力最高的区域出现在烈度Ⅸ区，该区域生态系统在一定程度上也受到地震的影响，但是震后生态恢复力提高，说明除了地震本身的因素外，还存在着其他影响生态恢复力的关键要素。

6.7.2　气候单元生态恢复力评价

针对每个气候单元开展维持性栅格数量统计，计算各年度维持性栅格数量以及占 2004 年维持相同趋势栅格数量的比例，拟合震前、震后正负趋势衰减曲线（图 6-20～图 6-23）。地震发生前，4 个气候区正负趋势的衰减时间均存在一定的差异性，其中湿润区和干旱区正趋势的衰减时间大于负趋势，表明震前这两个区域生态恢复力较好，生态系统呈良性发展趋势；半湿润区和半干旱区正趋势的衰减时间低于负趋势，表明震前这两个区域生态恢复力较差，生态系统可能呈现退化趋势。地震发生后，湿润区、半湿润区、半干旱区正负趋势的衰减时间均呈现上升趋势，湿润区正趋势的衰减时间上升幅度大于负趋势，使得该区域的生态恢复力进一步提高，而半湿润和半干旱区负趋势的上升幅度大于正趋势，使得该区域的生态恢复力下降。干旱区震后正趋势的衰减时间下降，负趋势的衰减时间上升，且超过了正趋势的衰减时间，使得地震前后该区域的生态恢复力发生了逆转，从良性发展转变成退化发展。

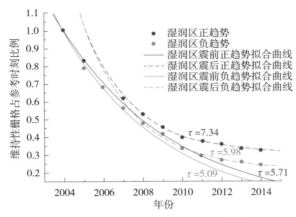

图 6-20　湿润区正负趋势衰减拟合

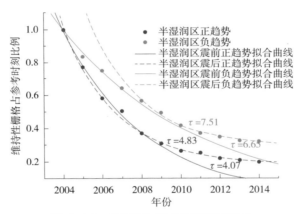

图 6-21　半湿润区正负趋势衰减拟合

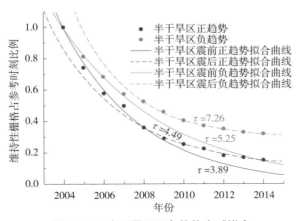

图 6-22　半干旱区正负趋势衰减拟合

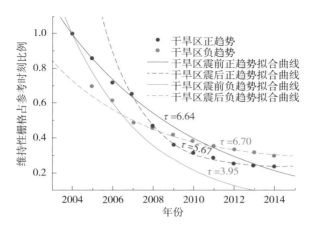

图 6-23　干旱区正负趋势衰减拟合

同样根据既定的评价原则，按照以下顺序评价气候单元空间恢复力。
首先震后正负趋势衰减的时间差为正数的区域生态恢复力（RS）大于时间
差为负数的区域生态恢复力，即 RS 湿润区＞RS 半湿润区、RS 半干旱区、
RS 干旱区；震后正负时间差为负数的按照地震前后时间差的变化大小排
序，即 RS 半湿润区＞RS 半干旱区＞RS 干旱区。因此，气候烈度单元空
间恢复力的最终排序为 RS 湿润区＞RS 半湿润区＞RS 半干旱区＞RS 干旱
区（表 6-6）。

表 6-6　地震前后各气候单元正负趋势衰减时间及变化

τ	湿润		半湿润		半干旱		干旱	
	正趋势	负趋势	正趋势	负趋势	正趋势	负趋势	正趋势	负趋势
震前	5.71	5.09	4.07	6.65	3.89	5.25	6.64	3.95
震后	7.34	5.98	4.83	7.51	4.49	7.26	5.67	6.7
震前时间差	0.62		−2.58		−1.36		2.69	
震后时间差	1.36		−2.68		−2.77		−1.03	
时间差变化	—		−0.1		−1.41		−3.72	
恢复力排序	1		2		3		4	

生态恢复力的空间差异性与气候呈显著的相关性，而且呈线性关系。即地震后，气候越干旱，区域生态恢复力越低。地震对湿润区生态恢复力基本无影响，对半湿润区生态恢复力影响较小，对半干旱区和干旱区影响较大。地震可使半干旱区生态退化的趋势进一步扩大，使干旱区的生态系统由震前良性发展转变为震后持续的退化发展，可见地震对干旱区的影响尤其显著。

6.7.3　生态系统类型单元生态恢复力评价

针对每个生态系统类型开展维持性栅格数量统计，计算各年度维持性栅格数量以及占 2004 年维持相同趋势栅格数量的比例，拟合震前、震后正负趋势衰减曲线（图 6-24～图 6-30）。地震发生前，只有栽培植被正趋势衰减时间大于负趋势衰减时间，但由于栽培植被的人工干扰强烈，因此较难判断其生态恢复力。灌丛正负趋势的衰减时间相差不大，表明震前灌丛生态系统处于相对稳定的状态；针叶林、高山植被、针阔混交林、阔叶林、草甸生态系统正趋势的衰减时间低于负趋势的衰减时间，表明震前这些生态系统生态恢复力较差，脆弱性强。地震发生后，除针阔混交林负趋势的衰减时间有所减少外，其余生态系统正负趋势的衰减时间均有所提高；其中，高山植被、阔叶林、草甸正趋势衰减时间增幅大于负趋势，使得这些生态系统类型生态恢复力提高，从生态退化发展转变为良性发展；针叶林、灌丛负趋势的增幅大于正趋势，使其生态恢复力降低，特别是灌丛由生态良性发展转变为生态退化发展，栽培植被、针阔混交林在地震前后生态恢复力变化不大。

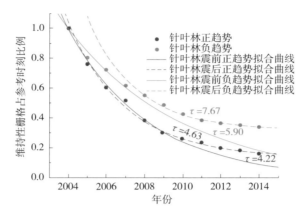

图 6-24　针叶林正负趋势衰减拟合图

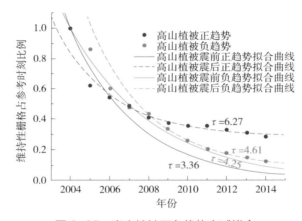

图 6-25　高山植被正负趋势衰减拟合

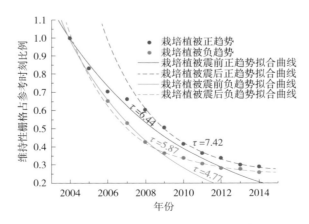

图 6-26　栽培植被正负趋势衰减拟合

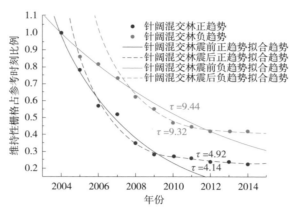

图 6-27　针阔混交林正负趋势衰减拟合

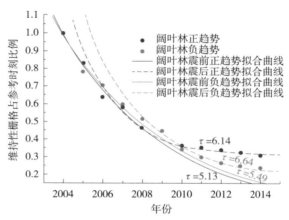

图 6-28　阔叶林正负趋势衰减拟合

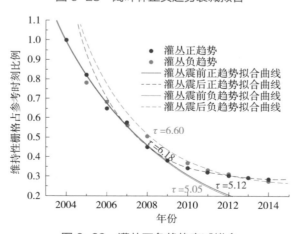

图 6-29　灌丛正负趋势衰减拟合

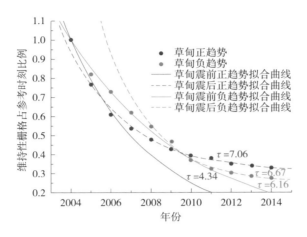

图 6-30　草甸正负趋势衰减拟合

同样根据既定的评价原则，按照以下顺序评价生态系统类型空间恢复力。首先震后正负趋势衰减时间差为正数的区域生态恢复力大于时间差为负数的区域生态恢复力，即 RS 高山植被、RS 栽培植被、RS 阔叶林、RS 草甸＞RS 针叶林、RS 针阔混交林、RS 灌丛；震后正负时间差为正数的按照时间差大小进行排序，即 RS 高山植被＞RS 栽培植被＞RS 阔叶林＞RS 草甸，震后正负时间差为负数的按照地震前后时间差的变化大小排序，即 RS 针阔混交林＞RS 灌丛＞RS 针叶林。因此，生态系统类型烈度单元空间恢复力的最终排序为 RS 高山植被＞RS 栽培植被＞RS 阔叶林＞RS 草甸＞RS 针阔混交林＞RS 灌丛＞RS 针叶林（表 6-7）。

由以上研究可知，地震后，不同生态系统生态恢复力存在显著的空间差异。针叶林的生态恢复力最低，且地震对其产生了显著的影响；灌丛本身生态恢复较高，但地震对灌丛产生了严重的破坏，导致其生态恢复力下降，发生了从良性发展到退化的逆转。高山植被、栽培植被本身生态恢复力较高，地震对其影响较小，震后生态恢复力仍然较好。阔叶林和草甸生态恢复力居中，表明这两类生态系统本身生态恢复力较强，虽然地震对这两类生态系统产生了一定的影响，但震后两类生态系统表现出恢复趋势。

表 6-7　地震前后各植被类型正负趋势震减时间及变化

τ	针叶林 负趋势	针叶林 正趋势	高山植被 负趋势	高山植被 正趋势	栽培植被 负趋势	栽培植被 正趋势	针阔叶混交林 负趋势	针阔叶混交林 正趋势	阔叶林 负趋势	阔叶林 正趋势	灌丛 负趋势	灌丛 正趋势	草甸 负趋势	草甸 正趋势
震前	5.90	4.22	4.25	3.36	4.77	6.44	9.44	4.14	5.49	5.13	5.05	5.12	6.16	4.34
震后	7.67	4.63	4.61	6.27	5.87	7.42	9.34	4.92	6.14	6.64	6.60	6.18	6.67	7.06
震前时间差	-1.68		-0.89		1.66		-5.30		-0.36		0.07		-1.82	
震后时间差	-3.04		1.66		1.55		-4.42		0.50		-0.42		0.39	
时间差变化	-1.36		—		—		0.88		—		-0.49		—	
恢复力排序	7		1		2		5		3		6		4	

6.7.4　高程单元生态恢复力评价

针对每个高程分区开展维持性栅格数量统计，计算各年度维持性栅格数量以及占 2004 年维持相同趋势栅格数量的比例，拟合震前、震后正负趋势衰减曲线（图 6-31～图 6-35）。地震发生前，在海拔 2 000 m 以下，正趋势的衰减时间大于负趋势，生态恢复力较好；在海拔 2 000 m 以上，正趋势的衰减时间小于负趋势，生态恢复力较差。整体而言，随着海拔高度的增加，生态恢复力逐渐降低。地震发生后，所有高程分区正负趋势的衰减时间都呈现增加趋势。在海拔 2 000 m 以下，正趋势的增幅大于负趋势，生态恢复力进一步提高，可见地震对 2 000 m 以下生态系统没有产生显著的影响；在海拔 2 000～3 600 m，正趋势的增幅小于负趋势，生态恢复力进一步降低，因此地震对海拔在 2 800～3 600 m 的系统产生了显著的影响；海拔 3 600 m 以上正趋势的增幅大于负趋势，生态恢复力有所提高，但负趋势的衰减时间仍然大于正趋势，生态恢复力仍然表现为退化。

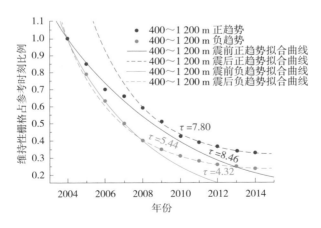

图 6-31　400～1 200 m 正负趋势衰减拟合

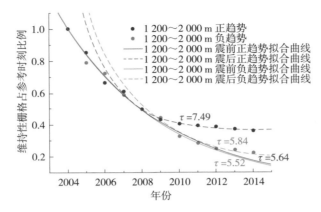

图 6-32 1 200～2 000 m 正负趋势衰减拟合

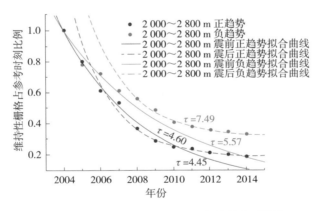

图 6-33 2 000～2 800 m 正负趋势衰减拟合

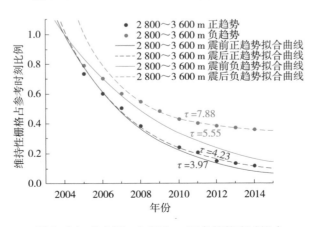

图 6-34 2 800～3 600 m 正负趋势衰减拟合

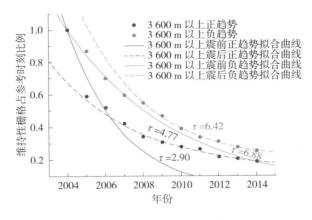

图 6-35　3 600 m 以上正负趋势衰减拟合

同样根据既定的评价原则，按照以下顺序评价生态系统类型空间恢复力。首先震后正负趋势衰减时间差为正数的区域生态恢复力大于时间差为负数的区域生态恢复力，即 RS400～1200、RS1200～2000＞RS2000～2800、RS2800～3600、RS3600 以上。震后正负时间差为正数的按照时间差大小进行排序，即 RS400～1200＞RS1200～2000，震后正负时间差为负数的按照地震前后时间差的变化大小排序，即 RS3600 以上＞RS2000～2800＞RS2800～3600。因此，高程单元空间恢复力的最终排序为 RS400～1200＞RS1200～2000＞RS3600 以上＞RS2000～2800＞RS2800～3600（表 6-8）。

表 6-8　地震前后各高程正负趋势衰减时间及变化

高程分类	400～1200 m		1 200～2 000 m		2000～2 800 m		2 800～3600 m		3 600 m 以上	
	负趋势	正趋势	负趋势	正趋势	负趋势	正趋势	负趋势	正趋势	负趋势	正趋势
震前	4.32	6.46	5.52	5.64	5.77	4.45	5.55	3.97	5.88	2.90
震后	5.44	7.80	5.84	7.49	7.49	4.60	7.88	4.23	6.72	4.77
震前时间差	2.14		0.12		−1.33		−1.58		−2.98	
震后时间差	2.36		1.65		−2.89		−3.65		−1.95	
时间差变化	—		—		−1.56		−2.07		1.03	
恢复力排序	1		2		4		5		3	

由以上研究可知，地震后，不同高程系统的生态恢复力存在显著的空间差异，震前呈现显著的线性关系，震后由于地震的影响呈现一定的线性相关性。2 800～3 600 m 系统的生态恢复力最低，该区域生态系统本身恢复力较低，加之地震对其产生了显著的影响，生态恢复力变为最低；2 000～2 800 m 情况相同，但较 2 800～3 600 m 系统生态恢复力稍高。3 600 m 以上系统生态恢复力本身较低，但地震对其没有产生显著的影响，因此生态恢复力居中。2 000 m 以下系统本身恢复力较高，加之地震对其影响较小，震后生态恢复力仍然较好。

6.8 生态恢复力空间分区

从基于驱动力单元的生态恢复力评价结果可以看出，系统恢复力呈现明显的空间自相关性，与烈度、气候、高程呈现一定程度的线性关系，与生态系统类型也密切相关。从基于小流域单元的生态恢复力评价结果可以看出，汶川地震灾区生态恢复力呈现相对集中分布，这与相对集中的流域所处的环境趋于一致，也就是驱动力相似。将基于小流域的生态恢复力评价结果按照空间驱动力进行聚类，明确影响流域生态恢复力的主要因素，对于科学管理生态系统具有重要参考价值。

本研究采用 ArcGIS 中的 Grouping Analysis 开展空间聚类，Grouping Analysis 工具既考虑空间位置关系也考虑要素的属性。本研究中聚类的字段包括小流域的 ID 和生态恢复力的排序值，前者是考虑小流域的空间位置关系，即必须是相邻的小流域才能聚类在一起；后者考虑了小流域生态恢复力属性值，即只有生态恢复力相近的小流域才能聚类在一起。小流域的生态恢复力排序值是基于地震前后系统正负趋势衰减时间及其变化得到的，暗含了地震烈度、气候、高程、生态系统类型的综合评价结果。

采用 Grouping Analysis 将研究区小流域聚类分为 7 个大区，按照"高程＋气候＋生态类型＋地震影响"的顺序标明。7 个大区依次是中低山湿润性阔叶林中影响区、平原湿润农业低影响区、高山半湿润草甸与高山植

被低影响区、亚高山湿润性针叶与针阔混交林低影响区、亚高山半湿润性
针叶与针阔混交林低影响区、亚高山干旱与半干旱灌丛中影响区、中高山
湿润与半湿润混交林高影响区，总体生态恢复力依次递减，体现了从低海
拔到高海拔、从湿润到干旱、从针叶林到阔叶林到高山植被、从烈度小到
烈度大，生态恢复力依次降低的规律（表 6-9）。

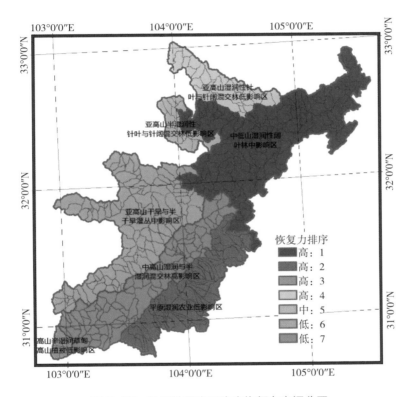

图 6-36　汶川地震灾区生态恢复力空间分区

中低山湿润性阔叶林中影响区：面积 8 284.08 km²，占研究区总面积
的 31.78%；湿润性气候、阔叶林植被、地震的影响不显著，决定了该区域
生态恢复力好。

平原湿润农业低影响区：面积 3 704.58 km²，占研究区总面积的
14.21%；湿润性气候、栽培植被、地震的影响不显著，决定了该区域生态
恢复力较好。

表6-9 汶川地震灾区生态恢复力空间分区

大类名称	流域数量/个	面积/km²	占研究区总面积比例/%	分布区域	主要特征	恢复力评价	排序
中低山湿润性阔叶林中影响区	143	8 284.08	31.78	青川县、平武县大部、北川县北部	海拔2 000 m以下，烈度Ⅷ～Ⅺ，气候湿润，植被以阔叶林、栽培植被为主	生态系统本身脆弱性较低，同时又地处海拔2 000 m以下中低山区域，气候温润适宜，地震烈度虽高，但离震中远、直接影响不大，恢复力好	1
平原湿润农业低影响区	73	3 704.58	14.21	都江堰市、彭州市、什邡市、绵竹市、安州区东南部	海拔1 000 m以下，烈度Ⅶ～Ⅸ，气候温润适宜，植被以栽培植被为主	生态系统本身脆弱性不强，又地处平原区，气候温和，人工干扰强烈，恢复力较好	2
高山半湿润草甸与高山植被低影响区	9	299.44	1.15	汶川县南部	海拔3 600 m以上，烈度Ⅷ，气候较湿润，植被以高山植被、草甸为主	生态系统本身较稳定，虽地处高山，但受地震影响不明显，恢复力较好	3
亚高山湿润性针叶与针阔混交林低影响区	33	1 905.24	7.31	青川县西北部	海拔2 000～3 600 m，烈度Ⅷ～Ⅸ，植被以针叶林、针阔混交林、灌丛为主	生态系统本身脆弱性较高，同时又地处海拔2 000 m以上亚高山区域，恢复力较差	4

续表

大类名称	流域数量/个	面积/km²	占研究区总面积比例/%	分布区域	主要特征	恢复力评价	排序
亚高山半湿润性针叶林与针阔混交林低影响区	15	873.61	3.35	平武县西北部山区	海拔2 000~3 600 m，烈度Ⅷ~Ⅸ，气候较湿润，植被以针叶林、针阔混交林为主	生态系统本身脆弱性较高，同时又地处海拔2 000 m以上亚高山区域，气候不如东部区域湿润，恢复力较差	5
亚高山干旱与半干旱灌丛中影响区	123	6 438.33	24.70	北川县西部、茂县、汶川县北部	海拔2 000 m以上，烈度Ⅶ~Ⅸ，气候干燥，植被以灌丛、针叶林、草甸为主	生态系统本身脆弱性较高，同时又地处海拔2 000 m以上亚高山区域，地震烈度虽不高，但气候干燥，蒸发量大于降水量，恢复力很差	6
中高山湿润与半湿润混交林高影响区	83	4 558.62	17.49	汶川县、都江堰县、彭州县、什邡县、绵竹县、安州区、北川县龙门山脉沿线	海拔1 200~2 800 m，烈度Ⅹ~Ⅸ，气候较温润适宜，植被以针叶林、针阔混交林、灌木林为主	生态系统本身脆弱性较高，中高山区，又地处中高山区，受地震影响剧烈，恢复力极差	7

高山半湿润草甸与高山植被低影响区：面积 299.44 km²，占研究区总面积的 1.15%；湿润性气候，高山草甸植被、地震的影响不显著，决定了该区域生态恢复力较好。

亚高山湿润性针叶与针阔混交林低影响区：面积 1 905.24 km²，占研究区总面积的 7.31%；虽气候湿润，但针叶林和混交林脆弱性以及地处海拔 2 000 m 以上的特征，决定了该区域生态恢复力较差。

亚高山半湿润性针叶与针阔混交林低影响区：面积 873.61 km²，占研究区总面积的 3.35%；气候半湿润，针叶林和混交林脆弱性以及地处海拔 2 000 m 以上的特征，决定了该区域生态恢复力较差。

亚高山干旱与半干旱灌丛中影响区：面积 6 438.33 km²，占研究区总面积的 24.70%，气候的干旱、灌丛、针叶林植被、地震的显著影响以及地处海拔 2 000 m 以上的特征决定了该区域生态恢复力很差。

中高山湿润与半湿润混交林高影响区：面积 4 558.62 km²，占研究区总面积的 17.49%，地震的剧烈影响以及针叶林的特征决定了该区域生态恢复力极差。

从以上分区可知，研究区约 40% 的区域生态恢复力处于很差的水平，在中长期生态恢复中需特别加以关注。

6.9 恢复力评价在自然保护区管理中的应用

6.9.1 自然保护区概况

汶川地震灾区是大熊猫、金丝猴、牛羚等珍稀野生动物的栖息地，不仅是我国重要的物种基因库，也是全球 25 个生物多样性保护关键地区之一。汶川地震极重灾区共包含 17 个自然保护区，即卧龙国家级自然保护区、四川雎水海绵礁省级自然保护区、四川东阳沟省级自然保护区、唐家河国家级自然保护区、四川小河沟省级自然保护区、四川王朗国家级自然保护区、雪宝顶国家级自然保护区、四川片口省级自然保护区、龙门山巨

型冰川漂砾地质遗产保护区、龙溪虹口国家级自然保护区、四川草坡省级
自然保护区、白水河国家级自然保护区、九顶山大熊猫省级自然保护区、
千佛山国家级自然保护区、四川宝顶沟省级自然保护区、小寨子沟国家级
自然保护区、大小沟省级自然保护区（图 6-37）。

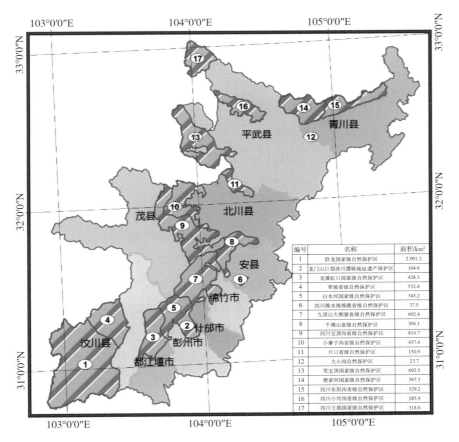

编号	名称	面积/km²
1	卧龙国家级自然保护区	2 091.2
2	龙门山巨型冰川漂砾地址遗产保护区	164.6
3	龙溪虹口国家级自然保护区	428.3
4	草坡省级自然保护区	532.4
5	白水河国家级自然保护区	345.2
6	四川雅水海绵礁省级自然保护区	37.5
7	九顶山大熊猫省级自然保护区	692.4
8	千佛山省级自然保护区	304.1
9	四川宝顶沟省级自然保护区	814.7
10	小寨子沟省级自然保护区	457.4
11	片口省级自然保护区	150.9
12	大小沟自然保护区	23.7
13	雪宝顶国家级自然保护区	692.5
14	唐家河国家级自然保护区	397.3
15	四川东阳沟省级自然保护区	329.2
16	四川小河沟省级自然保护区	285.9
17	四川王朗国家级自然保护区	318.6

图 6-37　研究区自然保护区分布

6.9.2　重点保护区识别

将自然保护区图层与小流域恢复力排序图层叠加，并分别统计各自然
保护区小流域数量和面积以及各级别排序所占的比例。从表 6-10 小流域
数量统计来看，在 17 个保护区中，13 个保护区排名在 230 位以后的流域

数量超过了 50%；而从表 6-11 小流域面积统计来看，17 个保护区中，同样 13 个保护区排名在 230 位以后的流域面积超过了 50%，保护区的名称与数量统计结果基本保持一致，仅个别有差别。按小流域数量统计，小河沟省级自然保护区排名在 230 位以后的数量未超过 50%，面积达到了 86.3%。龙门山巨型冰川漂砾地质遗产保护区排名在 230 位以后的数量达到 50%，但面积只占 31.3%。综上总体可以看出，研究区各保护区生态恢复力总体处于较差水平，震后生态演替趋势不容乐观。

白水河保护区和龙溪虹口保护区生态恢复力最差，两个保护区均包含 4 个小流域，且 4 个小流域生态恢复力排序都在 400 位以后，处于极差的水平。其次是九顶山大熊猫保护区，共包含 24 个流域，其中 18 个流域恢复力排名在 400 位以后，占保护区总面积的 88.2%。草坡保护区、千佛山保护区生态恢复力也较差，前者共包含 14 个小流域，后者包含 9 个小流域，均处于 230 位以后，草坡保护区中排名 400 位以后的流域面积占总面积的 35.7%，千佛山保护区中排名 400 位以后的流域面积占总面积的 33.3%。卧龙自然保护区中排名在 400 位以后的流域面积占总面积的比例也达到了 30% 以上。在 17 个保护区中，东阳沟保护区的生态恢复力最好，共包含 12 个小流域，其中 9 个流域排名在前 100 位，占保护区总面积的 84.8%，剩余 3 个流域排名在 100～230 位区间，处于系统恢复力较好的水平。

以各级别流域面积所占比例对保护区的生态恢复力进行排序，首先按照排名在前 230 位流域面积比重进行排序，面积占比超过 50% 的保护区生态恢复力大于面积占比未超过 50% 的保护区。对于面积占比超过 50% 的保护区，先按照排名前 100 位的流域面积比重从大到小依次排序，再按照排名在 101～230 位流域面积比重从大到小依次排序；对于面积占比未超过 50% 的保护区，先按照排名在 231～400 位流域面积比重从小到大依次排序，再按照排名在 400 位以后的流域面积比重从小到大依次排序。保护区生态恢复力最终的排序结果为：四川东阳沟省级自然保护区＞片口省级自然保护区＞龙门山巨型冰川漂砾地质遗产保护区＞四川王朗国家级自然保护区＞四川小河沟省级自然保护区＞雪宝顶国家级自然保护区＞四川宝

表 6-10　各自然保护区所辖小流域数量及恢复力排序统计

名称	小流域数量/个	排名 1~100		排名 101~230		排名 231~400		排名 400 以上	
		数量	占比/%	数量	占比/%	数量	占比/%	数量	占比/%
白水河国家级自然保护区	4	0	0.0	0	0.0	0	0.0	4	100.0
四川宝顶沟省级自然保护区	14	0	0.0	4	28.6	10	71.4	0	0.0
草坡省级自然保护区	14	0	0.0	0	0.0	9	64.3	5	35.7
大小沟自然保护区	1	0	0.0	1	100.0	0	0.0	0	0.0
四川东阳沟自然保护区	12	9	75.0	3	25.0	0	0.0	0	0.0
九顶山大熊猫省级自然保护区	24	0	0.0	0	0.0	6	25.0	18	75.0
四川睢水海绵礁省级自然保护区	2	0	0.0	1	50.0	1	50.0	0	0.0
龙门山巨型冰川漂砾地质遗产保护区	2	0	0.0	1	50.0	0	0.0	1	50.0
龙溪虹口国家级自然保护区	4	0	0.0	0	0.0	0	0.0	4	100.0
片口省级自然保护区	3	0	0.0	3	100.0	0	0.0	0	0.0
千佛山省级自然保护区	9	0	0.0	0	0.0	6	66.7	3	33.3
唐家河国家级自然保护区	8	2	25.0	2	25.0	4	50.0	0	0.0
四川王朗国家级自然保护区	6	0	0.0	1	16.7	5	83.3	0	0.0
卧龙国家级自然保护区	49	0	0.0	11	22.4	23	46.9	15	30.6
四川小河沟省级自然保护区	7	2	28.6	2	28.6	3	42.9	0	0.0
小寨子沟省级自然保护区	14	0	0.0	6	42.9	8	57.1	0	0.0
雪宝顶国家级自然保护区	15	2	13.3	3	20.0	10	66.7	0	0.0

表6-11　各自然保护区所辖小流域面积及恢复力排序统计

名称	总面积/km²	排名1~100		排名101~230		排名231~400		排名400以上	
		数量	占比/%	数量	占比/%	数量	占比/%	数量	占比/%
白水河国家级自然保护区	327.1	0	0.0	0	0.0	0	0.0	327.1	100.0
四川宝顶沟省级自然保护区	791.9	0	0.0	196.3	24.8	595.7	75.2	0	0.0
草坡省级自然保护区	516.0	0	0.0	0	0.0	309.3	59.9	206.7	40.1
大小沟自然保护区	23.4	0	0.0	23.4	100.0	0	0.0	0	0.0
四川东阳沟自然保护区	328.3	278.3	84.8	49.9	15.2	0	0.0	0	0.0
九顶山大熊猫省级自然保护区	679.2	0	0.0	0	0.0	80.4	11.8	598.8	88.2
四川雎水海绵礁省级自然保护区	35.5	0	0.0	9.1	25.8	26.3	74.2	0	0.0
龙门山巨型冰川漂砾地质遗产保护区	153.4	0	0.0	105.4	68.7	0	0.0	48.1	31.3
龙溪虹口国家级自然保护区	406.6	0	0.0	0	0.0	0	0.0	406.6	100.0
片口省级自然保护区	134.0	0	0.0	134.0	100.0	0	0.0	0	0.0
千佛山省级自然保护区	301.7	0	0.0	0	0.0	183.4	60.8	118.4	39.2
唐家河国家级自然保护区	392.9	17.9	4.6	107.6	27.4	267.4	68.0	0	0.0
四川王朗国家级自然保护区	318.8	0	0.0	13.8	4.3	305.0	95.7	0	0.0
卧龙国家级自然保护区	2 076.4	0	0.0	411.0	19.8	1 066.4	51.4	599.0	28.9
四川小河沟省级自然保护区	279.8	22.9	8.2	15.3	5.5	241.5	86.3	0	0.0
小寨子沟省级自然保护区	442.5	0	0.0	120.0	27.1	322.5	72.9	0	0.0
雪宝顶国家级自然保护区	688.3	77.5	11.3	87.9	12.8	522.9	76.0	0	0.0

顶沟省级自然保护区＞四川雎水海绵礁省级自然保护区＞小寨子沟省级自然保护区＞唐家河国家级自然保护区＞卧龙国家级自然保护区＞千佛山省级自然保护区＞草坡省级自然保护区＞九顶山大熊猫省级自然保护区＞白水河国家级自然保护区＞龙溪虹口国家级自然保护区。

根据以上评估结果可以看出，研究区各保护区总体恢复力不强，中长期应加强保护区生态系统的管理，保持生态系统不退化，针对 13 个生态恢复力为负向的保护区要加强重点地段的生态修复。对于生态恢复力极差的 7 个保护区，即龙溪虹口国家级自然保护区、白水河国家级自然保护区、九顶山大熊猫省级自然保护区、草坡省级自然保护区、千佛山省级自然保护区、卧龙国家级自然保护区、唐家河国家级自然保护区要加强小流域综合整治，采取人工护坡、工程拦截、植树造林等方式，使地震引发的地质灾害进一步稳定，逐步恢复小流域的生态功能。

6.10　恢复力评级在小流域灾害风险防治中的应用

6.10.1　小流域生态风险评价

对于植被覆盖率较低且生态恢复力极差的流域，在暴雨、地质环境变化等作用下，极易引发地质灾害，如流域内有集中的居民点，或者流域内人口密度较高时，则极有可能造成人民生命财产损失。

选取流域植被覆盖度现状（2014 年）、生态恢复力以及纵比降这三个参数来划定流域生态风险等级。其基本流程是：首先，将流域植被覆盖度现状按照从大到小的顺序依次排序，即植被覆盖度最高的排序为 1，植被覆盖度最低的排序为 480（图 6-38）。其次，将纵比降按照从小到大的顺序排序，即纵比降最小的排序最高（图 6-39）。生态恢复力排序越靠前，生态风险等级越低；植被覆盖现状排序越靠前，生态风险等级越低；纵比降排名越靠前，生态风险等级越低。根据如下公式计算流域生态风险值，值越低表示生态风险越低。最后，按照生态风险值由低到高的顺序进行排序（图6-40）。

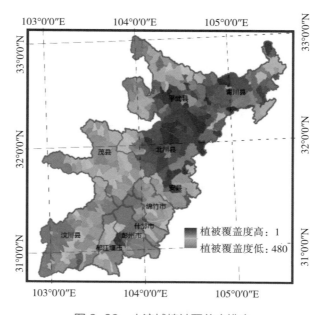

图6-38　小流域植被覆盖度排序

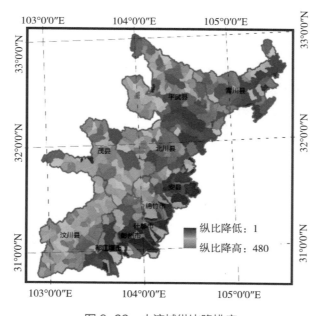

图6-39　小流域纵比降排序

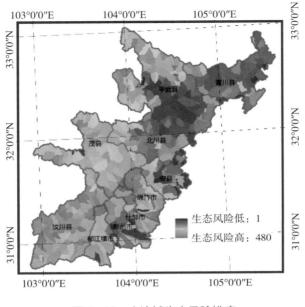

图 6-40　小流域生态风险排序

$$生态风险值= \sqrt[3]{生态恢复力_{排序值}\times 植被覆盖度_{排序值}\times 纵比降_{排序值}}$$

由生态风险排序图和生态恢复力排序图可以看出，二者呈现出一定程度的相关性，这是由于生态恢复力本身与植被覆盖现状、纵比降存在一定程度的空间相关性。因此按照生态恢复力排序的分级标准，可对生态风险进行等级划分，排序前 100 名的流域为生态风险极低区域，排序在 100～230 名的流域为生态风险较低区域，排序在 230～400 名的流域为生态风险较高区，排序 400 名以上的流域为生态风险极高区（图 6-41）。生态风险极低区面积 5 609.2 km²，占研究区总面积的 21.5%；生态风险较低区面积为 8 098.0 km²，占研究区总面积的 31.1%；生态风险较高区面积为 9011.6 km²，占研究区总面积的 34.6%；生态风险极高区面积为 3 345.2 km²，占研究区总面积的 12.83%。

汶川县生态风险极高区小流域数量为 39 个，几乎占生态风险极高流域数量的 50%，面积达到 1 591.8 km²，占生态风险极高区总面积的 47.6%，占汶川县总面积的 39%。绵竹市生态风险极高区流域数量达到

11 个，面积 446.6 km²，占绵竹市总面积的 35.8%。除北川县外，其余县
（市）均存在生态风险较高流域，详见表 6-12。

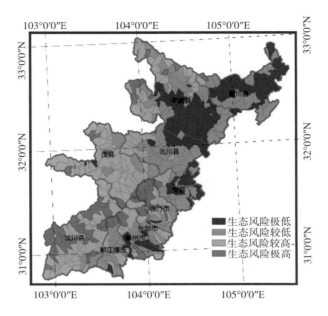

图 6-41 小流域生态风险分级

表 6-12 地震灾区各县（市）生态风险极高小流域统计

县（市）	生态风险极高流域数量 / 个	生态风险极高流域面积 / km²	占所属行政区比例 / %
汶川县	39	1 591.8	39.0
绵竹市	11	446.6	35.8
安州区	2	103.8	7.4
北川县	1	2.1	0.1
都江堰市	2	129.2	10.7
茂县	9	313.9	8.1
彭州市	2	239.4	16.8
平武县	7	325.8	5.5
青川县	1	44.4	1.4
什邡市	5	148.2	18.1

6.10.2　小流域灾害评价

将生态风险极高的流域与居民点数据、主要道路数据叠加，可知哪些流域会对人民生命财产安全造成威胁。通过分析可知，在 80 个风险极高流域中，有 39 个流域会对人居环境、交通环境产生威胁。其中汶川县危险流域最多，达到 17 个流域，其他县（市）的情况为：绵竹市 6 个流域、安州区 1 个流域、北川县 1 个流域、都江堰市 2 个流域、茂县 7 个流域、彭州市 1 个流域、平武县 2 个流域、什邡市 2 个流域（图 6-42、图 6-43、表 6-13）。

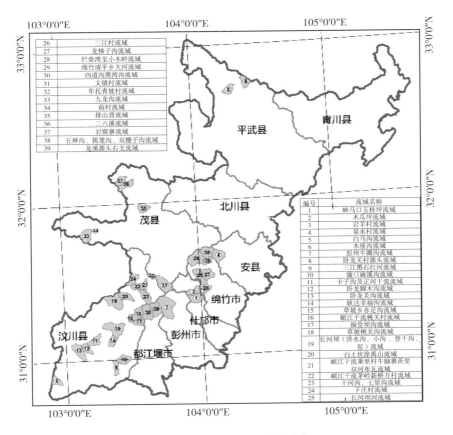

图 6-42　研究区危险流域分布

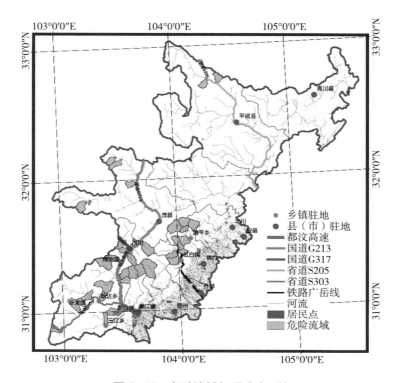

图 6-43　危险流域与受威胁环境

表 6-13　危险流域属性

编号	县（市）名称	小流域名称	受威胁村庄	受威胁道路
1	什邡市	峡马口五桂坪流域	红白镇驻地、峡马口村、五桂坪村	县道
2	什邡市	木瓜坪流域	木瓜坪村	县道，铁路广岳线
3	北川县	岩羊村流域	岩羊村	县道
4	安州区	泉水村流域	泉水村、二朗村	县道
5	平武县	白马沟流域	白马乡驻地	省道 S205
6	平武县	木座沟流域	木座乡驻地	省道 S205
7	彭州市	彭州牛圈沟流域	宝山村	无

编号	县（市）名称	小流域名称	受威胁村庄	受威胁道路
8	汶川县	卧龙关村源头流域	关村	省道 303
9	汶川县	三江黑石红河流域	三江乡驻地、漆山村、麻柳村、照壁	县道
10	汶川县	漩口麻溪沟流域	漩口镇驻地、麻溪村、瓦窑村、宇宫	国道 213
11	汶川县	卡子沟及正河干流流域	龙潭村	省道 303
12	汶川县	卧龙脚木沟流域	脚木山村	省道 303
13	汶川县	卧龙关沟流域	关村	省道 303
14	汶川县	耿达幸福沟流域	幸福村	省道 303
15	汶川县	草坡乡赤足沟流域	金波村	无
16	汶川县	岷江干流桃关村流域	桃关村	国道 213
17	汶川县	福堂坝沟流域	桃关村	国道 213、都汶高速
18	汶川县	草坡桃关沟流域	桃关村	国道 213、都汶高速
19	汶川县	长河坝（洪水沟、小沟、登干沟、窑）流域	沙排村、克充村	县道
20	汶川县	白土坎涂禹山流域	白土坎村、涂禹山村、三官庙村	国道 213
21	汶川县	岷江干流秉里村牛脑寨茨里双河布瓦流域	秉里村、牛脑寨、茨里村、双河村	国道 213
22	汶川县	岷江干流茅岭新桥万村流域	茅岭村、新桥村、万村、禹碑村	国道 213
23	汶川县	干河沟、七星沟流域	七盘沟村	国道 213、都汶高速
24	汶川县	下庄村流域	下庄村、木上寨	国道 317
25	绵竹市	长河坝河流域	三江村、茶园坪林场	县道

编号	县（市）名称	小流域名称	受威胁村庄	受威胁道路
26	绵竹市	三江村流域	三江村	县道、铁路广岳线
27	绵竹市	龙梯子沟流域	湔沟村	县道
28	绵竹市	烂柴湾至小木岭流域	德阳市伐木厂	县道
29	绵竹市	绵竹清平乡大河流域	德阳市伐木厂	县道
30	绵竹市	四道沟黑湾沟流域	德阳市伐木厂	无
31	茂县	文镇村流域	攀川村、文镇村	国道213
32	茂县	牟托青坡村流域	牟托村、青坡村	国道213
33	茂县	九龙沟流域	九龙村	县道
34	茂县	前村流域	前村、中村	县道
35	茂县	排山营流域	排山营村	国道213
36	茂县	二八溪流域	二八溪村	县道
37	茂县	岩窝寨流域	岩窝寨村	无
38	都江堰市	五神沟、筷笼沟、双棚子沟流域	无	无
39	都江堰市	龙溪源头右支流域	无	县道

在10个县（市）政府驻地中，汶川县城受威胁程度最大，其周边的3个小流域都是风险极高区，分别是岷江干流秉里村牛脑寨茨里双河布瓦流域，岷江干流茅岭新桥万村流域，干河沟、七星沟流域。汶川县城周边的秉里村、牛脑寨、茨里村、双河村、茅岭村、新桥村、万村、禹碑村、七盘沟村以及国道213、都汶高速也都受到威胁。

在所有200多个乡镇所在地中，3个乡镇驻地受威胁最大，分别是汶川县三江乡、漩口镇和什邡市的红白镇。漩口镇驻地处于麻溪沟流域范围内，受危险程度极大；三江乡处于三江黑石红河流域出口处，受威胁程度也较大；红白镇处于峡马口五桂坪流域出口位置，且地势较低，受威胁程度较大。

　　针对国道 213 线和都汶高速，应重点开展以下小流域综合防治和道路护坡工程：汶川县（漩口麻溪沟流域、岷江干流桃关村流域、福堂坝沟流域、草坡桃关沟流域、白土坎涂禹山流域、岷江干流秉里村牛脑寨茨里双河布瓦流域、岷江干流茅岭新桥万村流域、干河沟和七星沟流域）。

　　针对国道 317 线，应重点开展汶川县下庄村流域综合防治。

　　针对省道 S205 线，应重点开展以下流域小流域综合防治和道路护坡工程：平武县白马沟流域、木座沟流域。

　　针对省道 S303 线，应重点开展以下流域小流域综合防治和道路护坡工程：汶川县卡子沟及正河干流流域、卧龙脚木沟流域、卧龙关沟流域、耿达幸福沟流域。

参考文献

———

[1] HOLLING C S. 1973. Resilience and stability of ecological systems[J]. Annual Review of Ecology and Systematics: 4(2): 1–23.

[2] WOHLGEMUTH T, MORETTI M, CONEDERA M, et al. 2006. Ecological resilience after fire in mountain forests of the Central Alps[J]. Forest Ecology & Management: 234(supp–S): S200.

[3] GAMPOS G P, MORAN M S, HUETE A, et al. 2013. Ecosystem resilience despite large–scale altered hydroclimatic conditions[J]. Nature: 494(7437): 349–352.

[4] OSTROM E. 2007. A diagnostic approach for going beyond panaceas[J]. Proc Natl Acad Sci USA: 104(39): 15181–15187.

[5] SCHEFFER M, BROCK W, WESTLEY F. 2000. Socioeconomic Mechanisms preventing optimum use of ecosystem services: An interdisciplinary theoretical analysis[J]. Ecosystems: 3(5): 451–471.

[6] NORBERG J, WILSON J, WALKER B, et al. 2008. Diversity and resilience of social–ecological systems. In: Norberg J, Cumming GS（eds）Complexity theory for a sustainable future[M]. New York: Columbia University Press.

[7] ÖSTH J, REGGIANI A, GALIAZZO G. 2015. Spatial economic resilience and accessibility: A joint perspective[J]. Computers, Environment and Urban Systems: 49: 148–159.

[8] COWELL M M. 2013. Bounce back or move on: Regional resilience and economic development planning[J]. Cities: 30: 212–222.

[9] MARTIN R. 2012. Regional economic resilience, hysteresis and recessionary shocks[J]. Journal of Economic Geography: 12(1): 1–32.

[10] ADGER W. 2000. Social and ecological resilience: Are they related?[J]. Progress in Human Geography: 24: 347-364.

[11] ALBERTI M, MARZLUFF J. 2004. Ecological resilience in urban ecosystems: Linking urban patterns to human and ecological functions[J]. Urban Ecosystems: 7(3): 241-265.

[12] LI Y, SHI Y, QURESHI S, et al. 2014. Applying the concept of spatial resilience to socio-ecological systems in the urban wetland interface[J]. Ecological Indicators: 42(1): 135-146.

[13] BUTLER L M L, LESKIN G. Psychological resilience in the face of terrorism. In B. Bongar, L. Brown, L. Beutler, J.Breckenridge, & P. Zimbardo（Eds.）. 2007. Psychology of terrorism[M]. NY: Oxford University Press: 400-417.

[14] GOLINSKI M, BAUCH C, ANAND M. 2008. The effects of endogenous ecological memory on population stability and resilience in a variable environment[J]. Ecological Modelling: 212(3-4): 334-341.

[15] 王立新, 刘华民, 吴璇, 等. 2010. 基于活力和恢复力的典型草原健康评价和群落退化分级研究 [J]. 环境污染与防治：(12): 9-13.

[16] FRAZIER T G, THOMPSON C M, DEZZANI R J, et al. 2013. Spatial and temporal quantification of resilience at the community scale[J]. Applied Geography: 42: 95-107.

[17] CHRISTOPHERSON S, MICHIE J, TYLER P. 2010. Regional resilience: theoretical and empirical perspectives[J]. Cambridge Journal of Regions, Economy and Society: 3(1): 3–10.

[18] RAZAFINDRAB B, PARVIN G A, SURJAN A, et al. 2009. Climate disaster resilience: Focus on coastal urban cities in asia[J]. United Nations Economic & Social commission for Asia & the Pacific.

[19] PERZ S G, MUÑOZ-CARPENA R, KIKER G, et al. 2013. Evaluating ecological resilience with global sensitivity and uncertainty analysis[J]. Ecological Modelling: 263(1765): 174-186.

[20] CUTTER S L, BARNES L, BERRY M, et al. 2008. A place-based model for understanding community resilience to natural disasters[J]. Global Environmental Change: 18(4): 598-606.

[21] ROSE A. 2007. Economic resilience to natural and man-made disasters: Multidisciplinary origins and contextual dimensions[J]. Environmental Hazards:

7(4): 383-398.

[22] KLEIN R J T, NICHOLLS R J, THOMALLA F. 2003. Resilience to natural hazards: How useful is this concept?[J]. Global Environmental Change Part B: Environmental Hazards: 5(1–2): 35-45.

[23] BUMA B, WESSMAN C A. 2013. Forest resilience, climate change, and opportunities for adaptation: A specific case of a general problem[J]. Forest Ecology and Management: 306(6): 216-225.

[24] BRENKERTA A L, MALONE E L. 2005. Modeling vulnerability and resilience to climate change: A case study of India and Indian States[J]. Climatic Change: 72(1): 57-102.

[25] XU L, MARINOVA D. 2013. Resilience thinking: a bibliometric analysis of socio-ecological research[J]. Scientometrics: 96(3): 911-927.

[26] BÉNÉ C, WOOD R G, NEWSHAM A, et al. 2012. Resilience: New utopia or new tyranny? Reflection about the potentials and limits of the concept of resilience in relation to vulnerability reduction programmes[J]. IDS Working Papers: 2012(405): 1-61.

[27] SUNDSTROM S M, ALLEN C R, BARICHIEVY C. 2012. Species, Functional Groups, and Thresholds in Ecological Resilience[J]. Conservation Biology: 26(2): 305-314.

[28] LANCE H, GUNDERSON. 2000. Ecological resilience-in theory and application[J]. Annual Review of Ecology and Systematics: 31: 425-439.

[29] HOLLING C S. 1996. Engineering resilience versus ecological resilience// Schulze P.[J] Engineering within ecological constraints. 31-43.

[30] GUNDERSON L H, HOLLING C S, LIGHT S S. 1995. Barriers and bridges to the renewal of ecosystems and institutions[M]. New York: Columbia University Press.

[31] 王文杰，潘英姿，王明翠，等. 2007. 区域生态系统适应性管理概念、理论框架及其应用研究 [J]. 中国环境监测 :23(2): 1-7.

[32] 闫海明，战金艳，张韬. 2012. 生态系统恢复力研究进展综述 [J]. 地理科学进展: 31(3): 303-314.

[33] LEP J J, OSBORNOVÁ-KOSINOVÁ, REJMÁNEK M. 1982. Community stability, complexity and species life history strategies[J]. Vegetatio. 50(1):

53–63.

[34] WALKER B H. 1992. Biodiversity and ecological redundancy[J]. Conservation Biology: 6(1): 18–23.

[35] HOLLING C S, MEFFE G K. 1996. Command and control and the pathology of natural resource management[J]. Conserv Biol: 10(2): 328–337.

[36] BASKIN Y. 1994. Ecosystem function of biodiversity[J]. Bio Science, 44(10): 657–660.

[37] STONE L, GAVRIC A, BERMAN T. 1996. Ecosystem resilience, stability, and productivity seeking a relationship[J]. American Naturalist: 148: 892–903.

[38] BROWN D, KULIG, J. 1996. The concept of resiliency: Theoretical lessons from community research[J]. Health and Canadian Society: 4: 29–52.

[39] TOBIN G A. 1999. Sustainability and community resilience: the holy grail of hazards planning?[J]. Environmental Hazards: 1(1): 13–25.

[40] PERRINGS C. 1998. Resilience in the Dynamics of Economy–Environment Systems[J]. Environmental and Resource Economics: 11(3–4): 503–520.

[41] BERKES F C J, FOLKE C. 2003. Navigating socialecological systems: building resilience for complexity and change[M]. Cambridge University Press, Cambridge.

[42] WALKER B, HOLLING C S, CARPENTER S R, et al. 2004. Resilience, adaptability and transformability in social–ecological systems[J]. Ecology and Society: 9(2): 5.

[43] GARPENTERS S, WALKER B, ANDERIES J M, et al. 2001. From metaphor to measurement: Resilience of what to what?[J]. Ecosystems: 4(8): 765–781.

[44] WALKER B H, CARPENTER S R, ANDERIES J M, et al. 2002. Resilience management in social–ecological systems: A working hypothesis for a participatory approach[J]. Conservation Ecology, 6(1): 14.

[45] WALLER M A. 2001. Resilience in ecosystemic context: evolution of the Concept[J]. American Journal of Orthopsychiatry: 71(3): 290–297.

[46] LONGSTAFF P. 2005. Security, resilience, and communication in unpredictable environments such as terrorism, natural disasters, and complex technology[M]. Syracuse, New York.

[47] CUMMING G S, COLLIER J. 2005. Change and identity in complex systems [J]. Ecology and Society: 10(1): 29.

[48] CUMMING G S, BARNES G, PERZ S, et al. 2005. An exploratory framework for the Empirical measurement of resilience[J]. Ecosystems: 8(8): 975–987.

[49] LAVOREL S. 1999. Ecological diversity and resilience of Mediterranean vegetation to disturbance[J]. Diversity and Distributions: 5(1–2): 3–13.

[50] MITCHELL R J, AULD M, DUC M, et al. 2000. Ecosystem stability and resilience: A review of their relevance for the conservation management of lowland heaths[J]. Perspectives in Plant Ecology, Evolution and Systematics, 3(2): 142–160.

[51] ADGER W N, HUGHES T P, FOLKE C, et al. 2005. Social–ecological resilience to coastal disasters[J]. Science: 309(5737): 1036–1039.

[52] FOLKE C. 2006. Resilience: The emergence of a perspective for social–ecological systems analyses[J]. Global Environmental Change: 16(3): 253–267.

[53] PATON D, JOHNSTON D. 2001. Disastersandcommunities: vulnerabilities, resilence, and prepredness[J]. Disaster Prevention and Management: 10(4): 270–277.

[54] REGGIANI A, DE GRAAFF T, NIJKAMP P. 2002. Resilience: An Evolutionary approach to spatial economic systems[J]. Networks and Spatial Economics: 2(2): 211–229.

[55] BURTON I, SALEEMUL H, LIM B, et al. 2002. From impacts assessment to adaptation priorities: the shaping of adaptation policy[J]. Climate Policy: 2(2–3): 145–159.

[56] BROOKS N, ADGER N, KELLY M. 2005. The determinants of vulnerability and adaptive capacity atthenation allevel and the implications for adaptation[J]. Global Environmental Change Part A: 15(2): 151–163.

[57] FOLKE C C S R, WALKER B, et al. 2010. Resilience thinking: integrating resilience, adaptability and transformability[J]. Ecology and Society: 15(4): 20.

[58] LAKE P S. 2013. Resistance, resilience and restoration[J]. Ecological Management & Restoration: 14(1): 20–24.

[59] 陈娅玲，杨新军. 2012. 西藏旅游社会—生态系统及其恢复力研究 [J]. 西北大学学报：自然科学版：42(5): 827–832.

[60] FOLKE C, CARPENTER S, ELMQVIST T, et al. 2002. Resilience and sustainable development: Building adaptive capacity in a world of transformations[J]. Ambio, 31(5): 437.

[61] BENNETT E M, CUMMING G S, PETERSON G D. 2005. A systems model approach to determining resilience surrogates for case studies[J]. Ecosystems, 8(8): 945-957.

[62] 孙晶，王俊，杨新军 . 2007. 社会 – 生态系统恢复力研究综述 [J]. 生态学报 :27(12): 5371-5381.

[63] BATABYAL A A. 1998. On some aspects of ecological resilience and the conservation of species[J]. Journal of Environmental Management: 52(4): 373-378.

[64] BATABYAL A A. 1999. Species substitutability, resilience, and the optimal management of ecological-economic systems[J]. Mathematical and Computer Modelling: 29(2): 35-43.

[65] BELLWOOD D R, HOEY A S, CHOAT J H. 2003. Limited functional redundancy in high diversity systems: resilience and ecosystem function on coral reefs[J]. Ecology Letters: 6(4): 281-285.

[66] BENGTSSON J, ANGELSTAM P, ELMQVIST T, et al. 2003. Reserves, resilience and dynamic landscapes.[J]. Ambio: 32(6): 389-396.

[67] NYSTRÖM M. 2006. Redundancy and response diversity of functional groups: implications for the resilience of coral reefs[J]. Ambio: 35(1): 30-35.

[68] SCHEFFER M, CARPENTER S, FOLEY J A, et al. 2001. Catastrophic shifts in ecosystems[J]. Nature: 413: 591-596.

[69] HEEMSBERGEN D A, BERG M P, LOREAUM, et al. 2004. Biodiversity effects on soil processes explained by interspecific functional dissimilarity[J]. Science: 306: 1019-1020.

[70] PETERSON G D, CARPENTER S R, BROCK W A et al. Uncertainty and the management of multistate ecosystems: an apparently rational route to collapse [J]. Ecology, 2003, 84(6): 1403-1411.

[71] PIKE A, DAWLEY S, TOMANEY J. Resilience, adaptation and adaptability[J]. Cambridge Journal of Regions, Economy and Society, 2010, 3(1): 59-70.

[72] SIMMIE J, MARTIN R. The economic resilience of regions: Towards an

evolutionary approach[J]. Cambridge Journal of Regions, Economy and Society, 2010, 3(1): 27-43.

[73] ISDR U. Living with Risk: A Global Review of Disaster Reduction Initiatives. Prelim in ary version prepared as an interduction Initiatives. Switzerland, 2002,

[74] 刘婧，史培军，葛怡，等 . 2006. 灾害恢复力研究进展综述 [J]. 地球科学进展，21(2): 211-218.

[75] 费璇，温家洪，杜士强，等 . 2014. 自然灾害恢复力研究进展 [J]. 自然灾害学报，23(6): 19-31.

[76] DERISSEN S, QUAAS M F, BAUMGäRTNER S. 2011. The relationship between resilience and sustainability of ecological-economic systems[J]. Ecological Economics: 70(6): 1121-1128.

[77] WALKER B, SALT D. 2006. Resilience thinking[M]. Washington DC.: Island Press.

[78] STRUNZ S. 2012. Is conceptual vagueness an asset? Arguments from philosophy of science applied to the concept of resilience[J]. Ecological Economics: 76(1): 112-118.

[79] RIST L, MOEN J. 2013. Sustainability in forest management and a new role for resilience thinking[J]. Forest Ecology and Management: 310: 416-427.

[80] LLOYD M G, PEEL D, DUCK R W. 2013. Towards a social-ecological resilience framework for coastal planning[J]. Land Use Policy: 30(1): 925-933.

[81] JONES P J S, QIU W, SANTO EMD. 2013. Governing marine protected areas: Social-ecological resilience through institutional diversity[J]. Marine Policy: 41: 5-13.

[82] GU H, JIAO Y, LIANG L. 2012. Strengthening the socio-ecological resilience of forest-dependent communities: The case of the Hani Rice Terraces in Yunnan, China[J]. Forest Policy and Economics: 22(3): 53-59.

[83] NYSTRÖM M, FOLKE C. 2001. Spatial Resilience of Coral Reefs[J]. Ecosystems: 4(5): 406-417.

[84] CUMMING G. 2011. Spatial resilience: integrating landscape ecology, resilience, and sustainability[J]. Landscape Ecol: 26(7): 899-909.

[85] CUMMING G. 2011. Spatial resilience in social-ecological systems[M]. London: Springer.

[86] SIMONIELLO T, LANFREDI M, LIBERTI M, et al. 2008. Estimation of vegetation cover resilience from satellite time series[J]. Hydrology and Earth System Sciences: 12: 1053-1064.

[87] HARRIS A, CARR A S, DASH J. 2014. Remote sensing of vegetation cover dynamics and resilience across southern Africa[J]. International Journal of Applied Earth Observation and Geoinformation: 28: 131-139.

[88] CUTTER S, BURTON G C, EMRICH T C. 2010. Disaster resilience indicators for benchmarking baseline conditions[J]. Journal of Homeland Security and Emergency Management: 7(1).

[89] BODEN S, KAHLE HP, WILPERT K V, et al. 2014. Resilience of Norway spruce（*Picea abies*（L.）Karst）growth to changing climatic conditions in Southwest Germany[J]. Forest Ecology and Management: 315: 12-21.

[90] BISSON M, FORNACIAI A, COLI A, et al. 2008. The Vegetation Resilience after fire（VRAF）index: Development, implementation and an illustration from central Italy[J]. International Journal of Applied Earth Observation and Geoinformation, 10(3): 312-329.

[91] PUIGDEFABREGAS J，刘美敏，王欣. 1995. 荒漠化：压力超过恢复力探索一种统一的过程结构 [J]. AMBIO- 人类环境杂志：24(5): 310-312.

[92] FOLKE C, CARPENTER S, ELMQVIST T, et al. 2002. 恢复力与可持续发展：在瞬息万变的世界中增强适应能力 [J]. AMBIO- 人类环境杂志：31(5): 437-340，50.

[93] FOLKO C，羽阳. 2003. 自然保护区与生态系统的恢复力——从单一平衡到复合系统 [J]. AMBIO- 人类环境杂志：6: 379.

[94] BENGTSSON J, ANGELSTAM P, ELMQVIST T, et al. 2003. 自然保护区、恢复力和动态景观 [J]. AMBIO- 人类环境杂志：6: 389-396.

[95] WHITEMAN G, FORBES B C, NIEMEL J, et al. 2004. 将高纬度地区生态系统的反馈与恢复力引入公司决策 [J]. AMBIO- 人类环境杂志：6: 349-354.

[96] BRVCE C. FORBES, NANCY FRESCO, ANATOLY SHVIOENK. et al. 2004. 人为因素对社会 - 生态系统脆弱性和恢复力影响的地理差异 [J]. AMBIO- 人类环境杂志：6: 355-360，62.

[97] F. STUART CHAPIN Ⅲ, DANELL K, ELMQVIST T, et al. 2007. 利用气候变化影响，增强芬诺斯堪的亚森林的恢复力和可持续性 [J]. AMBIO- 人类环境杂志：7: 499-503.

[98] 王莹，李道亮．2005. 煤矿废弃地植被恢复潜力评价模型 [J]. 中国农业大学学报：2：88-92.

[99] 费璇，温家洪，杜士强，等．2014. 自然灾害恢复力研究进展 [J]. 自然灾害学报：6：19-31.

[100] 孙晶，王俊，杨新军，等．2007. 半干旱区社会－生态系统对干旱恢复力的定量化研究 [C]. 中国地理学会 2007 年学术年会．中国江苏南京．

[101] 于翠松．2007. 山西省水资源系统恢复力定量评价研究 [J]. 水利学报：S1：495-499.

[102] 陈英义，李道亮．2008. 北方农牧交错带沙尘源植被恢复潜力评价模型研究 [J]. 农业工程学报：3：130-134.

[103] 高江波，赵志强，李双成．2008. 基于地理信息系统的青藏铁路穿越区生态系统恢复力评价 [J]. 应用生态学报：11：2473-2479.

[104] 黄炬斌．2010. 成兰铁路沿线（岷江干旱河谷段）植物多样性及其工程扰动区植被恢复潜力研究 [D]. 成都：四川农业大学．

[105] 陈娅玲，杨新军．2011. 旅游社会—生态系统及其恢复力研究 [J]. 干旱区资源与环境：11：205-211.

[106] 林伟纯．2014. 民族地区旅游业恢复力综合评价研究 [D]. 兰州：兰州大学．

[107] 张丽，闫旭飞，寇晓军．2012. 北京湿地恢复潜力分析——基于 GIS 潜在湿地恢复潜力值模型 [J]. 北京师范大学学报（自然科学版）：48(4)：388-391.

[108] 胡文秋．2013. 基于 RS 和 GIS 的退化湿地生态系统恢复力研究 [D]. 济南：山东师范大学．

[109] 谷洪波，李晶云，唐铠．2013. 湖南省农业洪涝灾后恢复力评价指标体系及其应用 [J]. 沈阳农业大学学报（社会科学版）：15(3)：270-274.

[110] 舒龙雨．2013. 地质灾害对区域农业生产系统的影响机理及灾后恢复力研究 [D]. 湘潭：湖南科技大学．

[111] 金书淼．2014. 城市供水系统地震灾害风险及恢复力研究 [D]. 哈尔滨：哈尔滨工业大学．

[112] 郭永锐，张捷．2015. 社区恢复力研究进展及其地理学研究议题 [J]. 地理科学进展：34(1)：100-109.

[113] 战金艳，闫海明，邓祥征，等 . 2012. 森林生态系统恢复力评价——以江西省莲花县为例 [J]. 自然资源学报：27(8): 1304-1315.

[114] KARR J R, THOMAS T. 1996. Economics, ecology, and environmental quality[J]. Ecological Applications, 6：31-32.

[115] CARPENTER S, WESTLEY F, TURNER M. 2005. Surrogates for resilience of social–ecological systems[J]. Ecosystems：8(8): 941-944.

[116] LÓPEZ D R, BRIZUELA M A, WILLEMS P, et al. 2013. Linking ecosystem resistance, resilience, and stability in steppes of North Patagonia[J]. Ecological Indicators, 24(JAN): 1-11.

[117] BRAND F. 2009. Critical natural capital revisited：Ecological resilience and sustainable development[J]. Ecological Economics：68(3): 605-612.

[118] 王清 . 2013. 黔中白云岩地区植被自然恢复过程及其困难度研究 [D]. 北京：北京林业大学 .

[119] 郑伟 . 2012. 基于植物多样性的喀纳斯景区山地草甸生态系统恢复力评价 [J]. 草地学报：20(3): 393-400.

[120] 王震洪 . 2007. 基于植物多样性的生态系统恢复动力学原理 [J]. 应用生态学报：8(9): 1965-1971.

[121] 柳新伟，周厚诚，李萍，等 . 2004. 生态系统稳定性定义剖析 [J]. 生态学报：24(11): 2635-2640.

[122] HOFMANN M. 2007. Resilience. A formal approach to an ambiguous concept [C].

[123] KONSTANTINOV A V. 2011. Changes in resilience to fire disturbance in lowland pine forest ecosystems[J]. Biology Bulletin：38(10): 974-979.

[124] 高华端，林泽北，袁勇，等 . 2011. 基于植被恢复潜力的强度石漠化地区立地因子研究 [J]. 中国水土保持科学：9(2): 80-87.

[125] 张远东，刘世荣，赵常明 . 2005. 川西亚高山森林恢复的空间格局分析 [J]. 应用生态学报：16(9): 1706-1710.

[126] ZERGER A, MCINTYRE S, GOBBETT D, et al. 2011. Remote detection of grassland nutrient status for assessing ground layer vegetation condition and restoration potential of eucalypt grassy woodlands[J]. Landscape and Urban Planning: 102(4): 226-233.

[127] SLOCUM M G, MENDELSSOHN I A. 2008. Use of experimental disturbances to assess resilience along a known stress gradient[J]. Ecological Indicators, 8(3): 181-190.

[128] CHILLO V, ANAND M, OJEDA R. 2011. Assessing the use of functional diversity as a measure of ecological resilience in arid rangelands[J]. Ecosystems: 14(7): 1168-1177.

[129] ADMIRAAL J F, WOSSINK A, DE GROOT W T, et al. 2013. More than total economic value: How to combine economic valuation of biodiversity with ecological resilience[J]. Ecological Economics: 89(may): 115-122.

[130] WALKER B, KINZIG A, LANGRIDGE J. 1999. Original Articles: Plant Attribute diversity, resilience, and ecosystem function: The nature and significance of dominant and minor species[J]. Ecosystems: 2(2): 95-113.

[131] 李兴隆，王道杰，林勇明，等 . 2010. 金沙江干热河谷土壤种子库植被恢复潜力研究 [J]. 西南师范大学学报（自然科学版）: 35(3): 94-98.

[132] 王国栋，MIDDLETON B A，吕宪国，等 . 2013. 农田开垦对三江平原湿地土壤种子库影响及湿地恢复潜力 [J]. 生态学报: 1: 205-213.

[133] 阿舍小虎 . 2013. 模拟增温与降水改变对川西北高寒草甸植物物候及初级生产力的影响 [D]. 成都: 成都理工大学 .

[134] 苏佩凤，郭克贞，赵淑银，等 . 2012. 锡林郭勒天然草原植被生产力与降水因子耦合关系研究 [J]. 现代农业科技: 12: 258-260，62.

[135] HAYASHI I. 1996. Five years experiment on vegetation recovery of drought deciduous woodland in Kitui, Kenya[J]. Journal of Arid Environments: 34(3): 351-361.

[136] BROWN G, AL-MAZROOEI S. 2003. Rapid vegetation regeneration in a seriously degraded Rhanterium epapposum community in northern Kuwait after 4 years of protection[J]. Journal of Environmental Management: 68(4): 387-395.

[137] MENGISTU T, TEKETAY D, HULTEN H, et al. 2005. The role of enclosures in the recovery of woody vegetation in degraded dryland hillsides of central and northern Ethiopia[J]. Journal of Arid Environments: 60(2): 259-281.

[138] WANG F X, WANG Z Y, LEE J H W. 2007. Acceleration of vegetation succession on eroded land by reforestation in a subtropical zone[J]. Ecological Engineering: 31(4): 232-241.

[139] KNOX K J E, CLARKE P J. 2012. Fire severity, feedback effects and resilience to alternative community states in forest assemblages[J]. Forest Ecology and Management: 265(0): 47-54.

[140] 杨海娟，温晓金，刘焱序，等 . 2012. 秦岭土石山区土地利用程度对生态恢复力的影响评价 [J]. 水土保持通报: 4: 261-266.

[141] DICKENS S J M, ALLEN E B. 2014. Exotic plant invasion alters chaparral ecosystem resistance and resilience pre- and post-wildfire[J]. Biological Invasions: 16(5): 1119-1130.

[142] ROBERT A V L, KIRK E L, JAMES A K. 2004. Modeling the suitability of potential wetland mitigation sites with a geographic information[J]. Environmental Management: 33(3): 368-375.

[143] 张丽，闫旭飞，寇晓军 . 2012. 北京湿地恢复潜力分析——基于 GIS 潜在湿地恢复潜力值模型 [J]. 北京师范大学学报（自然科学版）: 48(4): 388-391.

[144] WHITE D, FENNESSY S. 2005. Modeling the suitability of wetland restoration potential at the watershed scale[J]. Ecological Engineering: 24(4): 359-377.

[145] RINALDI S, SCHEFFER M. 2000. Geometric analysis of ecological models with slow and fast processes[J]. Ecosystems: 3(6): 507-521.

[146] WISSEL C. 1984. A universal law of the characteristic return time near thresholds[J]. Oecologia: 65: 101-107.

[147] SCHEFFER M, BASCOMPTE J, BROCK W A, et al. 2009. Early-warning signals for critical transitions[J]. Nature: 461（7260）: 53-59.

[148] DAKOS V, NES E H V, D'ODORICO P, et al. 2012. Robustness of variance and autocorrelation as indicators of critical slowing down[J]. Ecology: 93(2012): 264-271.

[149] DAKOS V, VAN NES E, DONANGELO R, et al. 2010. Spatial correlation as leading indicator of catastrophic shifts[J]. Theor Ecol: 3(3): 163-174.

[150] CARPENTER S R, BROCK W A. 2006. Rising variance: a leading indicator of ecological transition[J]. Ecology Letters: 9(3): 311-318.

[151] VITALE M, CAPOGNA F, MANES F. 2007. Resilience assessment on Phillyrea angustifolia L. maquis undergone to experimental fire through a big-

leaf modelling approach[J]. Ecological Modelling: 203(3–4): 387–394.

[152] LANFREDI M, SIMONIELLO T, MACCHIATO M. 2004. Temporal persistence in vegetation cover changes observed from satellite: Development of an estimation procedure in the test site of the Mediterranean Italy[J]. Remote Sensing of Environment: 93(4): 565–576.

[153] SIMONIELLO T, LANFREDI M, LIBERTI M, et al. 2008. Estimation of vegetation cover resilience from satellite time series[J]. Hydrology and Earth System Sciences: 12: 1053–1064.

[154] COPPOLA R, CUOMO V, D'EMILIO M, et al. 2009. Terrestrial vegetation cover activity as a problem of fluctuating surfaces[J]. International Journal of Modern Physics B: 23(28–29): 5444–5452.

[155] NEWMAN T J, TOROCZKAI Z. 1998. Diffusive persistence and the "sign-time" distribution[J]. Physical Review E: 58(3): 2685–2688.

[156] BRAND F S, JAX K. 2007. Focusing the meaning (s) of resilience: Resilience as a descriptive concept and a boundary object[J]. Ecology & Society: 12(2007): 181–194.

[157] EBISUDANI M, TOKAI A. 2014. Resilience: Ecological and engineering poerspectives present status and future consideration referring on two case studies in U.S; proceedings of the The Society for Risk Analysis Japan, F,[C].

[158] LIU X, JIANG W, LI J, et al. 2017. Evaluation of the vegetation coverage resilience in areas damaged by the Wenchuan earthquake based on MODIS-EVI data[J]. Sensors: 17(2): 259.

[159] MAURO B D, FAVA F, BUSETTO L, et al. 2013. Evaluation of vegetation post-fire resilience in the Alpine region using descriptors derived from MODIS spectral index time series[C]// European Geoscience Union.

[160] 赵凌美，张时煌，王辉民. 2012. 基于生态服务功能评价方法的小流域生态恢复效果研究 [J]. 生态经济：2：24–28.

[161] 李江锋. 2007. 北京首钢铁矿生态恢复及效果评价 [D]. 北京：北京林业大学.

[162] 吴丹丹，蔡运龙. 2009. 中国生态恢复效果评价研究综述 [J]. 地理科学进展：4：622–628.

[163] 廖炜. 2007. 基于 GIS 和 RS 的生态恢复效果评价 [D]. 武汉：华中农业

大学 .

[164] 吴后建，王学雷 . 2006. 中国湿地生态恢复效果评价研究进展 [J]. 湿地科
学：4(4): 304-310.

[165] 王兵 . 2011. 黄土丘陵区流域生态恢复环境响应及其评价 [D]. 北京：中国
科学院研究生院（教育部水土保持与生态环境研究中心）.

[166] 於方，周昊，许申来 . 2009. 生态恢复的环境效应评价研究进展 [J]. 生态
环境学报：18(1): 374-379.

[167] 陈秀兰，何勇，张丹丹，等 . 2008. 中国森林生态恢复与重建生态效益评
价研究进展 [J]. 林业经济问题：28(3): 192-196.

[168] 丁立仲，卢剑波，徐文荣 . 2006. 浙西山区上梧溪小流域生态恢复工程效
益评价研究 [J]. 中国生态农业学报：3：202-205.

[169] 杨祎 . 2008. 洞庭湖湿地生态恢复模式与综合效益评价研究 [D]. 重庆：西
南大学 .

[170] 冯冠宇 . 2010. 湖滨带生态恢复综合效益评价研究 [D]. 呼和浩特：内蒙古
师范大学 .

[171] 魏敏 . 2009. 黄土高原小流域生态恢复治理的综合效益评价研究 [D]. 兰
州：甘肃农业大学 .

[172] 张斌，张清明 . 2009. 国内生态恢复效益评价研究简评 [J]. 中国水土保
持：6: 8-9，54.

[173] 刘孝富，王文杰，李京，等 . 2014. 灾后生态恢复评价研究进展 [J]. 生态
学报：34(3): 527-536.

[174] MITRI G H, GITAS I Z. 2013. Mapping post-fire forest regeneration and
vegetation recovery using a combination of very high spatial resolution and
hyperspectral satellite imagery[J]. International Journal of Applied Earth
Observation and Geoinformation: 20: 60-66.

[175] CLEMENTE R H, CERRILLO R M N, BERMEJO J E H, et al. 2006.
Modelling and monitoring post-fire vegetation recovery and diversity
dynamics: A diachronic approach using satellite time-series data set[J]. Forest
Ecology and Management: 234,（Supplement-S）: S194.

[176] SOLANS VILA J P, BARBOSA P. 2010. Post-fire vegetation regrowth
detection in the Deiva Marina region（Liguria-Italy）using Landsat TM and
ETM+ data[J]. Ecological Modelling: 221(1): 75-84.

[177] DíAZ-DELGADO R, PONS X. 2001. Spatial patterns of forest fires in Catalonia (NE of Spain) along the period 1975-1995: Analysis of vegetation recovery after fire[J]. Forest Ecology and Management: 147(1): 67-74.

[178] VERAVERBEKE S, SOMERS B, GITAS I, et al. 2012. Spectral mixture analysis to assess post-fire vegetation regeneration using Landsat Thematic Mapper imagery: Accounting for soil brightness variation[J]. International Journal of Applied Earth Observation and Geoinformation: 14(1): 1-11.

[179] MINCHELLA A, DEL FRATE F, CAPOGNA F, et al. 2009. Use of multitemporal SAR data for monitoring vegetation recovery of Mediterranean burned areas[J]. Remote Sensing of Environment: 113(3): 588-597.

[180] NE'EMAN G, LAHAV H, IZHAKI I. 1995. Recovery of vegetation in a natural east Mediterranean pine forest on Mount Carmel, Israel as affected by management strategies[J]. Forest Ecology and Management: 75(1-3): 17-26.

[181] MESSIER C, KIMMINS J P. 1991. Above- and below-ground vegetation recovery in recently clearcut and burned sites dominated by Gaultheria shallon in coastal British Columbia[J]. Forest Ecology and Management: 46(3-4): 275-294.

[182] DODSON E K, PETERSON D W. 2010. Mulching effects on vegetation recovery following high severity wildfire in north-central Washington State, USA[J]. Forest Ecology and Management: 260(10): 1816-1823.

[183] LIN C Y, LO H M, CHOU W C, et al. 2004. Vegetation recovery assessment at the Jou-Jou Mountain landslide area caused by the 921 Earthquake in Central Taiwan[J]. Ecological Modelling: 176(1-2): 75-81.

[184] LIN W T, CHOU W C, LIN C Y, et al. 2005. Vegetation recovery monitoring and assessment at landslides caused by earthquake in Central Taiwan[J]. Forest Ecology and Management: 210(1-3): 55-66.

[185] LIN W T, LIN C Y, CHOU W C. 2006. Assessment of vegetation recovery and soil erosion at landslides caused by a catastrophic earthquake: A case study in Central Taiwan[J]. Ecological Engineering: 28(1): 79-89.

[186] LIN W T, LIN C Y, TSAI J-S, et al. 2008. Eco-environmental changes assessment at the Chiufenershan landslide area caused by catastrophic earthquake in Central Taiwan[J]. Ecological Engineering: 33(3-4): 220-232.

[187] 林文赐, 邓亚恬. 2010. 921震灾崩塌地监测及植生复育模式之研究——

以台湾中部山区为例 [J]. 水保技术: 5(3): 134-141.

[188] EFEOĞLU B, EKMEKÇI Y, ÇIÇEK N. 2009. Physiological responses of three maize cultivars to drought stress and recovery[J]. South African Journal of Botany: 75(1): 34-42.

[189] MARÓTI I, TUBA Z, CSIK M. 1984. Changes of chloroplast ultrastructure and carbohydrate level in festuca, achillea and sedum during drought and after recovery[J]. Journal of Plant Physiology: 116(1): 1-10.

[190] MIYASHITA K, TANAKAMARU S, MAITANI T, et al. 2005. Recovery responses of photosynthesis, transpiration, and stomatal conductance in kidney bean following drought stress[J]. Environmental and Experimental Botany: 53(2): 205-214.

[191] ERICE G, LOUAHLIA S, IRIGOYEN J J, et al. 2010. Biomass partitioning, morphology and water status of four alfalfa genotypes submitted to progressive drought and subsequent recovery[J]. Journal of Plant Physiology, 167(2): 114-120.

[192] MALABUYOC J A, ARAGON E L, DE DATTA S K. 1985. Recovery from drought-induced desiccation at the vegetative growth stage in direct-seeded rainfed rice[J]. Field Crops Research: 10(2): 105-112.

[193] KNAPP P A. 1992. Secondary plant succession and vegetation recovery in two western Great Basin Desert ghost towns[J]. Biological Conservation: 60(2): 81-89.

[194] SCOTT A J, MORGAN J W. 2012. Recovery of soil and vegetation in semi-arid Australian old fields[J]. Journal of Arid Environments: 76(Jan): 61-71.

[195] RYDGREN K, HALVORSEN R, ODLAND A, et al. 2011. Restoration of alpine spoil heaps: Successional rates predict vegetation recovery in 50 years [J]. Ecological Engineering: 37(2): 294-301.

[196] DANA E D, MOTA J F. 2006. Vegetation and soil recovery on gypsum outcrops in semi-arid Spain[J]. Journal of Arid Environments: 65(3): 444-459.

[197] PARTRIDGE T R. 1992. Vegetation recovery following sand mining on coastal dunes at Kaitorete Spit, Canterbury, New Zealand[J]. Biological Conservation: 61(1): 59-71.

[198] DALE V H, ADAMS W M. 2003. Plant reestablishment 15 years after the debris avalanche at Mount St. Helens, Washington[J]. Science of The Total

Environment: 313(1-3): 101-113.

[199] BURLEY S, ROBINSON S L, LUNDHOLM J T. 2008. Post-hurricane vegetation recovery in an urban forest[J]. Landscape and Urban Planning: 85(2): 111-122.

[200] CHUANG C W, LIN C Y, CHIEN C H, et al. 2011. Application of Markov-chain model for vegetation restoration assessment at landslide areas caused by a catastrophic earthquake in Central Taiwan[J]. Ecological Modelling: 222(3): 835-845.

[201] LESSCHEN J P, CAMMERAAT L H, KOOIJMAN A M, et al. 2008. Development of spatial heterogeneity in vegetation and soil properties after land abandonment in a semi-arid ecosystem[J]. Journal of Arid Environments: 72(11): 2082-2092.

[202] 许申来，陈利顶. 2008. 生态恢复的环境效应评价研究进展 [C]. 第五届中国青年生态学工作者学术研讨会: 7.

[203] 马姜明，刘世荣，史作民，等. 2010. 退化森林生态系统恢复评价研究综述 [J]. 生态学报: 30(12): 3297-3303.

[204] 李巧，陈彦林，周兴银，等. 2008，退化生态系统生态恢复评价与生物多样性 [J]. 西北林学院学报: 4: 69-73.

[205] ECKERT S, HüSLER F, LINIGER H, et al. 2015. Trend analysis of MODIS NDVI time series for detecting land degradation and regeneration in Mongolia [J]. Journal of Arid Environments: 113: 16-28.

[206] FENSHOLT R, PROUD S R. 2012. Evaluation of Earth Observation based global long term vegetation trends — Comparing GIMMS and MODIS global NDVI time series[J]. Remote Sensing of Environment: 119: 131-147.

[207] FENSHOLT R, RASMUSSEN K, NIELSEN T T, et al. 2009. Evaluation of earth observation based long term vegetation trends — Intercomparing NDVI time series trend analysis consistency of Sahel from AVHRR GIMMS, Terra MODIS and SPOT VGT data[J]. Remote Sensing of Environment: 113(9): 1886-1898.

[208] JACQUIN A, SHEEREN D, LACOMBE J-P. 2010. Vegetation cover degradation assessment in Madagascar savanna based on trend analysis of MODIS NDVI time series[J]. International Journal of Applied Earth Observation and Geoinformation: 12(Supplement S1): S3-S10.

[209] JIA K, LIANG S, ZHANG L, et al. 2014. Forest cover classification using Landsat ETM+ data and time series MODIS NDVI data[J]. International Journal of Applied Earth Observation and Geoinformation: 33: 32–38.

[210] LE MAIRE G, MARSDEN C, NOUVELLON Y, et al. 2011. MODIS NDVI time–series allow the monitoring of Eucalyptus plantation biomass[J]. Remote Sensing of Environment: 115(10): 2613–2625.

[211] LI Z, HUFFMAN T, MCCONKEY B, et al. 2013. Monitoring and modeling spatial and temporal patterns of grassland dynamics using time–series MODIS NDVI with climate and stocking data[J]. Remote Sensing of Environment: 138: 232–244.

[212] 张鹏强，余旭初，刘智，等 . 2006. 多时相遥感图像相对辐射校正 [J]. 遥感学报：10(3): 339–344.

[213] 丁丽霞，周斌，王人潮 . 2005. 遥感监测中 5 种相对辐射校正方法研究 [J]. 浙江大学学报（农业与生命科学版）: 31(3): 269–276.

[214] 邢宇 . 2015. 小波变换在遥感图像相对辐射校正中的应用 [J]. 测绘与空间地理信息：38(6): 13–14，31.

[215] 丁琨，王艳霞，张健，等 . 2010. 基于时间序列的 MODIS 遥感数据的辐射定标 [J]. 遥感信息：2：49–52.

[216] JIANG W G，JIA K，WU J J，et al. 2015. Evaluating the vegetation recovery in the damage area of wenchuan earthquake using MODIS data[J]. Remote Sensing: 7(7): 8757–8778.

[217] ZHANG J, HULL V, HUANG J, et al. 2014. Natural recovery and restoration in giant panda habitat after the Wenchuan earthquake[J]. Forest Ecology and Management: 319: 1–9.